中国烹饪通史

第二卷

中国烹饪协会◎编著
张海林◎主编

中国商业出版社

图书在版编目（CIP）数据

中国烹饪通史. 第二卷 / 中国烹饪协会编著；张海
林主编. -- 北京：中国商业出版社，2022. 11
ISBN 978-7-5208-2277-0

Ⅰ.①中… Ⅱ.①中… ②张… Ⅲ.①烹饪-历史-
中国 Ⅳ.①TS972.1-092

中国版本图书馆 CIP 数据核字（2022）第 202245 号

责任编辑：袁　娜

中国商业出版社出版发行

（www.zgsycb.com　100053　北京广安门内报国寺 1 号）
总编室：010-63180647　编辑室：010-83128926
发行部：010-83120835/8286
新华书店经销
三河市天润建兴印务有限公司印刷

*

710 毫米×1000 毫米　16 开　12.25 印张　165 千字
2022 年 11 月第 1 版　2022 年 11 月第 1 次印刷
定价：48.00 元

*　*　*　*

（如有印装质量问题可更换）

前　言

　　我于 2020 年 9 月 11 日召开的中国烹饪协会第七届理事会第一次会议上当选中国烹饪协会会长。其后不久,《中国烹饪通史》主编张海林同志就带着《中国烹饪通史》的编写计划专程来协会汇报商研,并就继续合力推进其编写工作达成了共识。

　　编辑出版《中国烹饪通史》,是中国烹饪协会第六届理事会确定的大力推进饮食文化弘扬传承工作的重要目标之一,第一卷在协会第七次会员代表大会上举行了首发,受到与会代表的广泛赞誉,在行业以至社会上也广受重视和欢迎。《中国烹饪通史》的编修,是功在当代、利在千秋的大事、盛事、好事。完成其余各卷的编辑出版,当是我们义不容辞的责任。

　　近两年来在张海林同志的主持下,克服了各方面的困难,第二卷和第三卷的编写工作按照计划分工同步推进,并先后在河南郑州、新乡、新密召开了编修会议、审稿会议、定稿会议,如今第二卷文稿终于功到自然成、可以付梓了。有别于第一卷中的史前文明和夏商周三代的相对枯燥艰涩，第二卷的秦、两汉、魏晋南北朝部分比较生动活泼，可供查证、使用与参考的史料也很丰富。虽然史料相对翔实，但是编辑人员力求严谨的态度却丝毫没有变化。"文章千古事，得失寸心知""文章，经国之大业，不朽之盛事"，编修《中国烹饪通史》的目的，正是为了准确、真实、全面、完整地厘清中国烹饪的发展脉络和核心精髓，合理继承、创新发展中华烹饪文明，促进当代中国餐饮经济的发展。因此，着力于挖掘中华民族的传统文化，体现中华民族最深沉的精神追求，反应中华民族最独特的精神标识，根植于中国特色社会主义的文化沃土，为延续和发展中华文明、促进人类文明进步贡献我们的力量，是《中国烹饪通史》编修工作始终秉持的宗旨和理念。

《中国烹饪通史》系列书籍，编修工程浩大，由于编写经验或知识上的欠缺，书中或有不足和缺点，敬请读者指正。借此也向参与《中国烹饪通史》编写、审校、资料提供以及对编写出版工作给予大力支持和帮助的所有单位、个人，致以深深的谢意！

中国烹饪协会会长　傅龙成

壬寅年初春于北京

《中国烹饪通史》（第二卷）编辑部

主　　编：张海林

编　　审：靳中兴

参　　编：刘志全　胡志霞　高朝阳　张　宇　李　申
　　　　　赵瑞洁　宿　时　彭　妍

供　　图：河南省博物院　山西省博物馆　晋国博物馆
　　　　　济源博物馆　　华夏饮食文化博物馆
　　　　　信阳市博物馆　固始县博物馆

总　序

"以木巽火，亨饪也。"（《周易·鼎》）烹饪的最初概念就是煮熟食物，就是摄取食物的行为，是人类制造食物的劳动。

当这种劳动行为形成一个从渔猎、采摘、养殖、种植、加工到进餐的体系和制度后，烹饪便成为人类生存、生产和生活的方式，成为一种文化和文明。

中国烹饪就是中国人的生存、生产和生活方式，是从生理需要升华为精神需要的社会文明，是中国传统文化的重要组成部分。

人类的生存是以摄取食物为前提的。而摄取食物的方式则肇始着、表现着、演绎着人类的文明进化程度，并决定着、影响着人类社会的走向与未来。从历史唯物主义的观点而言，中国的烹饪在一万年左右的时间内保障了汉民族形成前后的生存和繁衍，并影响着中华民族群体内的其他少数民族，更在近现代的文明交流中日益彰显出、发挥出其独有的文化内涵和张力。

一

中国的烹饪称作中国烹饪并非仅以疆域和区划而定名。如果说它最初形成于中华历史上的"国之中"和"中之国"，但此后的演变则使其成为脱离了地理概念的一种文化现象。这就是说，中国烹饪是以中国哲学为内涵、以中国文化为表现的一种生存、生产和生活方式，是人类历史上极具文明价值的文化存在。从另外的角度来诠释，中国烹饪是摄取食物的行为，却又突破了这种行为，在与客观世界的交互中摆脱了形式逻辑的桎梏，完成了从生理需要的个体活动到精神需要的社会活动的升华。

从辩证唯物主义的立场研判，首先是生理的需要决定着人类的行为，促进着社会生产力的发展。但当这种行为和生产力发展的程度足以形成一种意识形态的体系时，它对人类的行为和社会生产力的发展趋势则起着指导性、决定性的作用。据此来研究中国烹饪的发展历程，则必然要探究食物的来源和获取的手段，加工、熟制的手段与工具，进食的方法与方式，观念的形成及理论的完备，从而揭示中国烹饪发展的客观过程和基本规律所在。

人类的食物来源有自然选择即狩猎与采集，也有主观培育。而烹饪初成体系后，主观培育所包括的对野生动、植物的驯化、养殖和种植，成为了获取食物的主要手段。就中国烹饪产生的早期而言，囿于斯时斯地的地理、气候、物产，谷物的采集和种植当为先人食物的主要成分。新郑裴李岗所出土的诸多石碾和贾湖、半坡、姜寨、庙底沟、大河村等文化遗址所发现的大量储藏谷物的窖穴都是佐证。以粟、稻为主要代表的谷物也决定着加工、熟制的手段与工具，地灶、陶灶、陶釜、陶鼎、陶鬲、陶甑、陶甗的单用和组合使用，产生了煮法、蒸法、烙法，粥、饭、饼成为主要食品。由于陶器的炊、食共器和食余的发酵，也衍生了酿法，产生了酒。夏、商以降，铜器产生并广泛使用，工具、器皿的硬度、锋利度、容积和烹饪温度都得到了大幅提高，这就使动物性原料的有效分割与蒸、煮成为可能，肉羹出现使膏脂的分离也得以完成，并由此产生煎、炸两法。铜甗的使用提高了蒸法的适应范围及质量、效率，蒸肉成为一品，粟、黍、稻皆可成饭，凝结度和口感也大幅改善。炊器、食器的基本分离，使釜、鼎、甗之类凸显出专业性，从而扩大口径、提高容积，发挥出更高的效率。安阳殷墟、小屯出土的司母戊大方鼎和三联甗当属确证。应该说，在承袭了新石器时代的火上燔、石上燔、塘灰煨，并经历了五千多年的陶烹、铜烹两个时代后，中国烹饪形成了一套加工、熟制食物的技术体系。其基本技法为灰煨、炙、烤、蒸、煮、烙、煎、炸、酿、腌、渍、熏，其中腌、渍、熏是由原料储藏而演变出来的技法。也就是说，这些技法已经能够将所有可获取的动植物原料和调味所需的矿物性、动物性、植物性配料，加工、制作成食物、调料及饮料。

如果以管窥豹的话，《周礼》《左传》等史书所收录记载的羹①，五齑②（昌本、脾析、蜃、豚拍、深蒲），七菹③（韭菹、茆菹、葵菹、箈菹、菁菹、芹菹、笋菹），八珍④（淳熬、淳毋、捣珍、渍、炮豚、熬、糁、肝膋）和熊蹯、脍鲤、蒸豚、炙鱼、蠃醢、蟹胥、脈鳖、鹄酸、煎鸿、蜜饵、冻饮、琼浆等可见一斑。

进食进餐的方法、方式，统称为饮食文明，也是人类文明程度

---

① 羹，是煮肉（或菜）熬成的汁，食用时可适量添加盐梅、菜等调料，故后人也称制羹为调羹。《说文解字》谓羹：五味盉羹也。盉，同和。《礼记·少仪51》曰："凡羞有湇者，不以齐。"意思就是，凡佳肴中有大羹的，不加佐料调和。

② 五齑，齑同齐，细切为齑，五齑即昌本、脾析、蜃、豚拍、深蒲。

③ 七菹，《周礼·天官·冢宰第一·醢人》："凡祭祀，共荐羞之豆实，宾客、丧纪亦如之……王举，则共醢六十瓮，以五齑、七醢、七菹、三臡（ni，带骨的肉酱）实之。"郑玄注："七菹：韭、菁、茆、葵、芹、箈、笋。"

④ 周八珍，见郑玄注；〔唐〕贾公彦疏，黄侃经文句读：《周礼注疏》，上海古籍出版社，1990年版第56页。炮豚，见王文锦译解.《礼记译解 上》.北京：中华书局，2001年版。

的一个标志。从污尊抔饮[①]、手撕嘴啃到刀、叉、匙并举，实现了从野蛮到文明的跨越。中国烹饪以自己特有的技术和菜品催生出"箸"这种独特的进食工具，在铜器时代到来以后，一箸一匙已经可以完成所有的饮食活动。同样是以中国烹饪为基础，进食的方式也完成了一个从新石器时代的共食、分餐到陶器时代的分食、分餐再到铜器时代的共餐、分食、分饮的蜕变，诞生了筵席、宴会这种餐、食、饮的方式和礼仪。

二

陶器时代受陶器的器型和炊食共器所限，进食的方式是分食、分餐。部落中的食物原料分配以后，再以最小的宗亲单位自烹自食，部落首领居住地的大型火塘应该是在重要节点时聚会所用。铜器使用以后，炊、食基本分离，开始了专业人员、专业器皿提供的饮食服务，共餐、聚餐成为具有仪式感的部落聚会，亦成为部落、社会中其他重要活动的主要内容之一。经过一个时期的发展、积累，便形成了为某种目的而举行，以饮酒为中心，按一定程序和礼仪进行，提供一整套菜品，提供歌舞服务的筵席、宴会。筵席、宴会是中国烹饪技术与菜品水平的集中表现，不同时期、不同阶层、不同地域的筵席、宴会，是这个时期、这个阶层、这个地域中国烹饪的技术与菜品、酒浆能够达到的最高水平。筵席、宴会也是中国饮食文明、

---

① 污尊抔饮。礼记·礼运"燔黍捭豚，污尊而抔饮"。意为上古时代人们吃饭只是用手撕开小猪与黍米一起烧烤，在地上挖个小坑储水，用手捧来喝。——王文锦译解.《礼记译解 上》. 北京：中华书局 2001 年版，第 290 页。

中国文化的代表，在中国的人际交往、社会活动中发挥了无可替代的作用，是中国烹饪之所以成为中国人生存、生产和生活方式的权重所在。

中国人饮食观念的形成自然是基于中国人食物的来源和获取的手段。中国烹饪成型后便固化了这些观念，并形成了一套理论体系。这套理论体系的核心内容还上升为治国理政的指导思想和中国哲学的基本教义。首先是阴阳五行论，在哲学的意义上，阴阳是对世界变化的一种抽象认识，水、火、木、金、土是对物质世界结构的具象认识，这些世界观的形成必然是建立在社会实践活动上的，而这些社会实践活动的主要内容就是摄取食物的活动，正是通过采集、狩猎、种植、养殖、加工、烹饪，中国人认识了自然、认识了世界，这也是斯时人类认识世界的重要途径。

中国人以阴阳看待包括人在内的客观存在，世界有阴阳之分，万物有阴阳之分，人体亦有阴阳之分。故中国烹饪将所有的原料以温热寒凉为基本属性进行分类。温热者为阳，食之助阳、养阳、驱寒；寒凉者为阴，食之滋阴、养阴、去热。但要顺应四时，把握人体之阴阳变化，热则凉之、寒者温之，即调燮阴阳，求中求和，方能奏效。五行又对应五味，水咸、火苦、木酸、金辛、土甘。五味又是在阴阳之下，温热寒凉的原料之味，酸辛多属温热，苦咸大都寒凉，甘则平和。五味之用，四时有别，春多酸、夏多苦、秋多辛、冬多咸、长夏宜甘，对应人体而言则是酸入肝、苦入心、辛入肺、咸入肾、甘入脾，但须中和有度，不能偏颇，在各味原料的使用、配伍上要以"五谷为养、五果为助、五畜为益、五菜为充、气味合而服之"① 为准则。这就是中国烹饪理论的基石——五味调和论。阴阳五行、五味调和理论的核心和精华所在是中、是和、是度，是顺应四时、道法自然。伊尹依此说商汤，作为治国理政的理论，老子依此作《道德经》，奠定了中国哲学的基础。我们现在很难确定这些理论成型于何时，也无专门的著述存在。只能从记载这些学说、成书于战国时期的《周礼》《礼记》《吕氏春秋》《黄帝内经》《道德经》等典籍中判断最迟在周代这些理论便已存在。依今天的眼光来看待，阴阳五行、五味调和理论中或许有粗疏、浅薄之处，逻辑亦不够严谨。但正是这些理论自有夏以来，保障了民族的健康、存续，至今还闪耀着真理的光辉。在这些理论指导下的中医、中药、中国烹饪以其强大的生命力，继续活跃在中国，影响着世界。

三

自先秦始，中国烹饪作为文化现象，是带有统治阶层属性的，是中上层社会所拥有的，具有长期的奴隶制文明、封建文明背景，但也在文化传播和交流中，一直保留着深刻的民族性。

从历史上看，"夫礼之初，始诸饮食"②，经历夏商之后，饮食之礼在周代趋于完备。春秋战国时期，新兴阶层的强势崛起，使得礼崩乐坏，周代食礼制度及其所包含的技术、品种走出了宫廷，这是中国烹饪文化的第一次辐射和扩散，被当时疆域内的各个阶层、各种势力所追求、所效学。不论是楚王问鼎的故事，还是礼失求诸

---

① 张介宾，杨上善，王冰注.黄帝内经素问三家注·基础分册［M］.北京：中国中医药出版社，2013.

② 〔清〕阮元校刻.十三经注疏（清嘉庆刊本）［M］.北京：中华书局，1980.

野的探寻，均可资证。

汉通西域，以胡冠名的食品和原料进入中国，中国烹饪的技术、品种也在这种交流中影响到域外。西晋以后，南北分治、衣冠南渡、五胡乱华，文化交流、民族融合，中国烹饪以"中"架构，兼容并蓄，覆盖南北，保证了自身的发展。隋唐两代，运河开通，国家强盛，商贾云集，四方物产、食俗汇聚神州，使中国烹饪文化以此为基础达到了一个新高度。北宋立国以后，都市商业极其发达，四海珍奇皆归市易，环区异味悉在庖厨，更因铁器和煤炭革新了炉灶，促进了高温爆、炒技术的发展与定型，使中国烹饪的技术、菜品、筵席进入成熟期，从而登上了巅峰。南宋立国，金据中原，以汴京餐饮为代表的中国烹饪文化主流南下杭州，泽被江淮、两广。南料北烹，同化南北，并变南咸北甜、中州食甘为南甜北咸并影响至今。元代，蒙古族的食俗、食品虽进入中原，却并未影响到中国烹饪的生存，只是将其诸多特色留在了中国烹饪的体系之内。明清两朝，政治中心北上，虽有番物、洋货、满族食风影响，但中国烹饪文化却在江淮保存了精华，并保持着高度，尤其是数次迁徙，客居东南沿海、广东岭南的中原氏族客家人保留传统、食俗不改，并把中国烹饪文化远播海外，验证了在文化交流中，一种文化现象距离母本越远，其保留的意愿越强烈的定理。

从技术或艺术的角度看，中国烹饪是标准的手工业劳动。新石器时代的石器打造者，点燃了烹饪文明的第一簇火苗，仰韶文化的彩陶则成就了烹饪技艺。自此，历夏、商、周三代，烹饪开中国手工技艺风气之先河。司屠宰之庖人，司制冰之凌人，司酱腌、调料之醢人，司肉酱之醢人，司酒类之酒人，司炉灶之烹人，司食盐之盐人，司干鲜果品之笾人，凡此种种，演绎出庖丁解牛、易牙辨味。于是，酒分清浊、席列八珍：三羹有和合之美，五齑则独具清鲜。烤、炸、炖、拌作炮豚、炮牂；五物入臼，捣珍出滑甘之丸；薄切酒醉，渍乃生食之珍；油网包炸，肝膋是条条如签。如此手艺，一脉相传。汉、唐庖厨，灶案分工，面活单列，蒸、煮、煎、炸，所谓咄嗟之脍、剔缕之鸡、缠花云梦之肉，生进鸭花汤饼、翠釜出紫驼之峰、素鳞行水晶之盘，乃一时佳肴，更有能将蒸饼"坼作十字"的开花馒头，一嚼"惊动十里"的寒具环饼，彰显着匠人之功。此后，北宋艺人，诸多留名，张秀号称"在京第一白厨"，梅家厨娘霜刀飞舞，脍盘如雪，是官厨一等高手。另有王家的梅花山洞包子、曹婆婆的肉饼、段家的燠物、薛家的羊饭、周家的南食和后来南迁杭州湖上的鱼羹宋五嫂，被逼北上燕京的炒栗李和儿子可谓代表。然而，更多的手工、手艺之人或南渡杭州，或被掳燕京，未能留名，只将他们的技艺留存在东、西、南、北的珍馐名馔之中。

中国烹饪之技艺几近玄妙。比如，酒的酿造是可以听可以看的，不须用鼻、用舌，听其声、观其花便知优劣生熟，也要用舌、用鼻，一尝、一嗅便知水出何处，这是厨人的功夫。刀锋所到，游刃有余，是心中有牛。人身为砧，切物成发，是人刀合一。在中国烹饪中，一是用火、一是用刀，都有极深的造化。庸厨用火，把握油温，拿捏老嫩，要靠肢体感觉。高手不然，全凭眼力，全靠心力，刹那之间，高下立分。用刀，则称刀功，刀功又是要修得刀感。己身为砧，轻重尚可知，他人之身为砧，也还能够传递，若在薄纸之上，若在气球之上，则全凭落刀之感，不允稍有闪失。故，一口锅、一只勺看似简单，但火口之上，煎、炒、烹、炸，颠、翻、晃、旋，万千变化在其中。要紧之处，眼到、心到、手到，玩火候于臂掌之中，其潇洒、其精确令人叹服。一把刀、一案俎，看似平常，但刀口之下，切、片、剁、錾，直、立、坡、拉，匠心独具。刀下之物，细则如发可穿针眼，薄似蝉翼能映字画，或玲珑剔透，或似雪似沙，如锦如绣，精美绝伦。面食、面点的制作又是一种功夫，和面使揉能任甩拉，和面之筋，切条能经车辆碾轧。擀杖之下，面皮其薄似纸，却可煮可烙。刀切之下，面条细如发丝，却能煮能炸。拉面，长万米而不断；面塑，人物、花鸟不在话下。包子能灌汤而不泄，油条能落地成为碎花。这种种技艺鬼斧神工，出神入化，常常无法用语言完全表达出来。

烹饪技艺的成就与精彩是手工艺人的心血所在，可是，这种精彩与成就有时候却是在生存的压力下，与苦难和血泪相连的。历史上，"腼熊蹯不熟"曾令庖厨丧命，"炙上绕发"几乎让宰人（厨人）掉了脑袋，"馄饨不熟"让饔人（厨人）进了监狱，"选饭朝来不喜餐，御厨空费八珍盘"的事情时有发生。封建统治者的穷奢极欲让庖厨之人承受着极大的压力，一些手工技艺、名馔佳肴都是在这种压力下练就的、成就的。今日已不食熊掌（熊蹯），但今日涨发、扒制熊掌的手艺却是昔日厨人以生命的代价换来的。诸如此类的干货涨发之技、腌货烹调之技、鲜活保鲜之技、刀法精细之功，是难以列举的。当然，这种把压力化为动力，又是追求精致、力臻完美成为烹饪匠人的执着所在。而烹饪技艺所具有的神韵，所传达的历史符号是任何机器所不能取代的。机器可以复制许多，可永远也不能复制艺术。艺术的个性、艺术的风格、艺术的韵味是人类不能被机器取代的重要特性。

中国烹饪作为民族的世界的优秀文化，和中华文明有着密切的关系。首先，它定型于夏、商、周三代的奴隶制文明时期，现存的《周礼》《礼记》等典籍的记载和出土文物，已经充分说明了这一点。如周代王宫中负责饮食的官员及操作人员包括供应、管理、加工、烹饪、器具、服务、食医等计2300多人，占全部宫廷官员的半数以上。其次，长期的封建社会文明是中国烹饪这个文明之果赖以生存的土壤。从一定意义上讲，统治阶级无休止的追求则是中国烹饪得以更多发展的主要动力。中国是个农业大国，也是人口大国，吃饭自然成为各个阶层最为关注的话题，统治者将食物的多寡、质量、食法、食具作为地位与权力的象征而竭力神化之、铺张之，征四方之能工巧匠在庖厨，罗天下珍奇于案俎。每个时期的统治中心必然是烹饪中心，是最高水平。被统治者则将统治者的食、食制，作为一种向往、一种目标去努力争取，并尽力仿效之。最后，以汉文明为主的各民族文化交流给中国烹饪以活力。从春秋战国的纷争，到南北朝的对立、五代十国的割据、外族的侵扰和入主中原，使代表各自地域文明的食风和食俗相互渗透、相互影响，又最终发展壮大了中国烹饪。且随着民族的步伐传播到东西南北，与当地的不同物候、条件相结合，形成了中国烹饪的诸多风格、流派与多姿多彩的局面。

所以说，中国烹饪是中华文明的重要组成部分，是中华文明的早期代表和先驱，是中华五千年传统文明的硕果之一。这就是中国烹饪与中华文明的关系。

四

中国烹饪的发展有着自己的基本规律。这个规律的形成是其发展的主要条件所作用所决定的，但在某种情况下，次要条件会在一定的时间内上升成为主要条件，并给事物的发展以方向性的影响。中国烹饪发展的主要条件是社会生产力发展的水平程度，这是它赖以生存、发展的经济基础，但是政治制度、民族斗争等上层建筑的部分同样会在一定的环境下、一定的时间内给中国烹饪的发展带来决定性的影响。

从根本上说，是社会生产力的发展促使了中国烹饪的产生。站在物质生产这个角度来看，如果没有火的利用，没有容器的产生和相应工具的制造就不可能产生中国烹饪。但是即使具备了这些条件而没有种植业、养殖业所提供的原料，中国烹饪也难以施展。中国烹饪的任何微小的提高与进步，都离不开社会生产力的发展和它能提供的各种条件。以简单的切割为例，原料的分解、分割，不论厨师的水平如何，石刀、陶刀、青铜刀、钢铁刀都是其中的关键。再如，高温爆炒的技法之所以诞生，前提是宋代铁器的广泛使用和煤炭的利用，改革了炉灶，提高了燃烧的效能比。所以中国烹饪发展的水平、方向取决于社会生产力发展的水平程度，这是一般规律。当然，由于物产、气候、交通条件所造成的地区之间烹饪水平的差异，实际上也是一个大国社会生产力发展水平不一致所造成的。

在生产力的发展决定中国烹饪水平这个一般规律下，政治因素也常常给中国烹饪以影响和制约。历史上的中国烹饪本质上是体现着统治阶级的文化。在统治阶级的追求下，中国烹饪常常处于一种畸形的状况中，严重地脱离社会生产力发展水平，并与人民群众的实际生活水平差距极大。历史上，不管是早期的奴隶主，还是后来的封建主都曾在饿殍遍地的情况下追求山珍海味、食前方丈，造成封建统治中心的烹饪水平与中小城市、广大乡村之间的极为悬殊的差距。此为其一。但是，在历史上的民族冲突中，文化落后的少数民族掌握了中央政权后，其一个时期的烹饪水平尽管有整个生产力发展的高度在，也会有倒退的现象。如金之代北宋，元之代南宋就使中原地区、江南地区的烹饪水平一度呈现下降的趋势。只是经过一段时间，当其本民族的食风、食俗在新的环境条件下，在汉文化的影响下调整、适应并融进了整个中国烹饪后，这种现象才得以改变。而政治中心（首都）变化以后，能工巧匠的被迫迁徙，人口的大量流动也都曾使一个地区的烹饪水平得以变化和提高。则为其二。其三是，社会生产力快速发展，但烹饪的发展却相对停滞，甚至出现某种形式的倒退。这种情况一般出现在历史上改朝换代的初期。统治者励精图治，以保社稷，不愿又不能奢华。如汉初的文景之治、唐初的贞观之治均为此例。可此种情况后又常常是变本加厉，因为整个社会的生产力水平提高，民间烹饪的基点提高，能给统治者提供更多的需要和更多的人才与技术的支持。但出于不同文明水平的统治阶层亦有相当的差异，北宋的皇室和清代的皇家就有绝对的高下之分，我们可以从宋皇的寿宴与慈禧的筵席比较中看出，同样的排场却是健康和腐朽之别。当然，任何一个朝代的统治者在走向没落之际，都是伴随着无度的奢靡与无知。

中华人民共和国成立以后，社会制度的性质发生根本改变，也促成中国烹饪的整体面貌发生变化。首先，中国烹饪从原来的主要为统治阶级和中上层社会服务，而转变成为大多数人民群众服务，这个历史性的转变就必然造成中国烹饪中某些不适应这个转变的部分随之发生变化，甚而消亡。随着社会生产力的快速发展，广大人民群众不再为温饱发愁，产生对社交餐饮和精神享受的需求后，中国烹饪就会进入一个新的发展高潮。其次，中国烹饪作为一种植根于中华民族文化的产物，随着社会经济的发展而发展，特别是改革开放以来，中国烹饪对西方餐饮兼收并蓄，取其精华，从而使中国烹饪呈现大发展、大繁荣局面。

综上所述，中国烹饪发展的基本规律是：中国烹饪作为一种文化现象，作为中华民族的生存、生产和生活方式，是在社会生产力的作用下，由低到高、由简入繁地呈阶段性的上升趋势，它从形而下的物质、生理活动到形而上的社会、精神活动，在和社会生产力同步发展的过程中受政治因素和其他上层建筑的制约与影响呈波浪形的起伏。这个起伏有时表现为挫折，有时表现为歧途，而怎样能经受起挫折而不误入歧途，正是我们必须向历史学习的。这也正是编修《中国烹饪通史》的意义之所在。

五

历史上，受多种主客观因素与条件的影响，对中国烹饪的认识处于相当尴尬的境地。一方面是须臾不可缺，另一方面是讳言之，进膳时要九鼎八簋，落笔时却不载一字。文明之初饮食为先，文化大成又弃之如敝屣。有近五千年编年史的中国，正史不载，野史不修。尤其是自宋以后，技艺、匠人的社会地位大幅下降，中国烹饪技术队伍的整体文化素质跌至谷底，厨师原本和中医师同出一支，却沦为两个社会阶层。烹饪理论的教学缺失，技艺的传承、品种、筵席的延续通常靠的是以师带徒、口传心授。虽有苏轼、袁枚等美食家一类的文人在，但少有系统、准确的理论建树、历史记载。存世所云，或语焉不详，或支离破碎，或一家之言，甚至是主观臆断、立场偏颇。即便如此，也仅见于某些类书集成和笔记小说，相对于博大浩瀚、万年之久的中国烹饪而言不过是雪泥鸿爪、凤毛麟角，给我们客观、全面、准确地认识中国烹饪及其历史带来了极大的困难。

然而，若不了解中国烹饪的过去，便不能认清中国烹饪的现实，更不能预见中国烹饪的未来。中国烹饪的基础理论，原料、技法、品种，筵席的产生、衍生、演变、兴衰都有着历史和现实的主客观条件，也有其政治、经济、文化背景，这些条件和背景还决定着、影响着它们未来的生存与延续。于是，用马克思主义、毛泽东思想的观点和历史唯物主义、辩证唯物主义的立场，依据历史学、考古学的已有成果，爬梳撷拾烹饪的历史文献记载，探究中国烹饪的基础理论，研究传世的烹饪文物、历史文化遗址，研究正在发生的烹饪实践，从而厘清中国烹饪的发展脉络和基本规律。这不仅是中国烹饪存续、发展的需要，是继承优秀的中国传统文化、捍卫民族文化安全的需要，是实现百年强盛中国梦、让中华民族崛起并复兴的需要，是历史和现实的需要，也是我们需要承担的历史和现实的责任。

我们处在一个全新的时代，中国的日益强盛和崛起，世界格局的多极变化，和平发展、全球化趋势成为主流，科技的进步使文化交流呈现出新局面，这些都成为中国烹饪面临的前所未有的机遇和挑战。在机遇和挑战面前，首先需要的是文化自信。历史和现实均已证明，中国烹饪是中华文明、民族文化的结晶，在经历了上万年的孕育、产生、发展的过程后已经成为一个完整的体系，成为具有鲜明中华色彩的文化现象，它不仅在中国有着重要的地位，在整个人类的文明、文化史上亦是璀璨的一页。自汉、唐之际就开始的中外文化交流早已将它的影响远播世界，随着中国的国力日益增强，国际地位的大幅提高，中国烹饪作为一门吃的文化、吃的艺术已风靡全球。我们没有用筷子征服世界的狂想，但中国烹饪之菜品、筵席和它所遵循所代表的膳食结构能够保障人类的健康生存是不争的事实，而且越来越显示出它的正确、合理、优秀。不同国家的人也正是通过认识中国烹饪，改变、加深了对中国文化的认知和对中国悠久的历史文明的认同。毫无疑问，中国烹饪已成为整个人类所共有的文化遗产和财富。中国烹饪理论与实践所表现出的所强调的人类对自然环境的亲和与广泛利用，艺术化、文明化了人和自然的物质交换，将人类的饮食活动异化成为社交、精神、文化活动，都会成为人类的共识并践行，这就决定了中国烹饪的发展趋势。

中国烹饪的发展在历史上也多次被扭曲。落后的腐朽的世界观，奴隶制文明、封建制文明的糟粕都曾经加大、助长了它的无知与奢靡。兴之时如此，败之时尤甚。今日的中国在摒弃了落后文化、外来文化糟粕的影响后，政治、经济、社会都处在一个健康、稳定的发展期。种植业、养殖业、加工业、旅游业、科技产业长足进步，处在历史上的最高水平。社会政局安定，人民群众的生活水平日益提高，城镇化进程加快，中等收入阶层扩大、贫困人口减少，社交活动、商务活动急剧增加，信息技术突飞猛进、交通运输高度发达，商品流通一日千里，使果腹的需求、社交的需求、商务的需求、精神享受的需求都呈现出强势的增长，为餐饮经济的发展提供了稳固的基础和强有力的支持。在此背景下，中国烹饪要坚持文化自信，激浊扬清，以健康的理念、既有的原则去引领消费、服务消费。但适应需求不是顺应不良，中国烹饪的现实积累完全能够满足多样化世界的广泛需要。所谓的调整和创新都必须和历史上正确的方向、道路接轨，继承和创新是事物发展的必然路径，不是无源之水、无本之木，而坚持这种路径就能使中国烹饪融入新的原料、新的工具、新的炉灶、新的习俗、新的文化现象，从而走上新的阶段，实现新的繁荣。

从来机遇都是和挑战伴生的，全球化的趋势使疆域和民族的差异不再成为壁垒。西方的餐饮文明和食品工业在挑战着作为手工业工艺劳动的中国烹饪。多年前便有人断言：今日的世界和科学技术的发展，会使中国烹饪完全走上工业化、快餐化的道路，现代社会的生活节奏使人无暇滞留在餐桌前，中国烹饪的很多东西将被送进历史的博物馆。然而，这些判断已经并终将被中国餐饮经济的发展和中国烹饪的繁荣所完全否定。事实和根据有三：一是现代社会虽高度发展并被不同的文明所主导，但终究没有改变现实的社会是等级社会的基本面，不同的阶层在不同的时间、不同的需要下有着摄取食物的不同状态，果腹、社交、商务、精神层面的饮食需求不是快餐和食品工业能逐一满足的；二是对中国烹饪是中华民族的生存、生产、生活方式缺乏认识，对中国烹饪是艺术、是文化、是科学没有认识，反而将西方的餐饮文明视作圭臬，完全丧失了对民族烹饪文明的自信；三是对中国经济高速发展、人民生活水平快速提高缺乏估计，对经济发达后会增强对自身文化的回归与追求缺乏估计和前瞻。

中国的现实证明，有过扭曲、走过弯路的中国烹饪没有被来自任何方向的挑战和冲击摧毁，以中式餐饮品种为经营内容的简快餐行业，凭借门店、早夜市摊点、商场和景区的排挡及送餐企业基本保证了各个阶层的工间、居家、外出、旅游的各种果腹需要。商务活动、社会交往、小酌小聚、婚宴、寿宴、节日庆典还是以中式餐馆和中式筵席为主体来完成的。经历了调整的高端餐饮仍旧服务着高收入阶层的享受需要。中国的餐饮市场没有排斥任何西式餐饮、西餐企业，但西方的餐饮文化至今也没有成为中国人消费的主要方向。中国的食品工业为市场提供了众多的各类工业化、标准化的食品，但终究还是处于拾遗补阙的状况，某些产品如传统的方便面等更是被咄嗟可达的快递送餐抢占了大量的市场份额，并且会日益缩减。这些都说明，食品工业的高速发展，影响不了更取代不了各个社会阶层对中国烹饪所包含的菜品、筵席不断膨胀的需求。这和整个社会层面越是趋向标准化、统一化，人的个性需求就越来越强烈的趋向是一致的。人们在食用了大量的工业化方便食品后，对在餐桌前品尝风味各异的菜品就更加渴望。尤其是在温饱问题得以解决后，在经济的高质量发展使更多人能够支配自身的时间和选择时，走进餐馆，欣赏中国烹饪的艺术成果，一饮一酌，放松自己的身心，可能是许多人之所好。这将给餐饮业的经营以极大促进，也会使更多优秀的传统产品、传统技艺得到发掘、继承、改良和创新。

可以断言，中国经济的增长、中国政治的清明、中国社会的稳定，会使中国烹饪文化传统的继承与发扬，呈现不可逆转的趋势。在经历了拨乱反正的过程后，在可以预见的将来，中国烹饪会以新的面貌登上更大的舞台、扩展更大的空间。它将携带着中华民族文化的信息，以自己独有的魅力、张力和包容，影响着、感染着整个世界，以自己的方式弘扬中国优秀传统文化，为祖国的发展和强盛作出贡献。

愿这本《中国烹饪通史》能向历史和前人做个交待，也为现实提供一个镜鉴；能为我们窥见中国烹饪的未来，也为中国烹饪新的繁荣发展尽点滴之力。如此，则不负所有为此书面世付出和奉献的前辈与同人们！

张海林

2017 年 8 月于郑州

目 录

第五章　秦、西汉

(公元前 221—公元 25 年)

第一节 大一统中央集权封建帝国的建立

　　秦代是由战国时期的秦国发展起来的中国历史上第一个大一统王朝，秦人是华夏族（汉族）西迁的一支。其祖先大费是黄帝之子少昊的后裔，舜赐其嬴姓。公元前361年，秦孝公继位，重用商鞅，经两次变法后，秦国的经济得到高度发展，军事力量得以不断增强，成为战国后期最强大的诸侯国。公元前247年，嬴政即位，相继灭韩、赵、魏、楚、燕、齐诸国，完成统一。公元前221年，嬴政称帝，史称"秦始皇"。秦代建立了一套新的行政机构，中央设丞相、太尉、御史大夫，分掌政事、军事、监察百官，称为"三公"。废除了分封制，代之以郡县制，推行书同文、车同轨，统一了度量衡，结束了春秋战国五百年来的分裂割据局面。秦代中央集权制度的建立，奠定了其后2000余年中国政治制度的基本格局，故称"百代都行秦政法"（毛泽东《七律·读〈封建论〉》）。公元前210年，秦始皇病死于沙丘（今河北省广宗县），其子胡亥即位，为秦二世。公元前209年，陈胜、吴广斩木为兵，揭竿而起，天下响应，刘邦、项羽起兵江淮。公元前207年，秦朝灭亡。

　　刘邦灭秦后被封为汉王。楚汉争霸，刘邦战胜项羽，建立汉朝，初期定都洛阳，后迁都长安。刘邦登基后，采用叔孙通"定朝仪"的建议，确立礼法，彰显尊卑。政治上，在实行郡县制的同时，先分封功臣韩信、彭越、英布等为王，待到政权稳固，为防反叛和巩固皇权，又以各种罪名取消他们的王爵，或贬或杀。在铲除异性王后，刘邦以"惩亡秦孤立之败"改封刘氏宗亲为王，订立了"非刘氏王者，天下共击之"①的誓言。

多年战乱，经济凋敝，府库空虚，财政困难。史载此时"自天子不能具钧驷，而将相或乘牛车，齐民无藏盖"②，为此，刘邦采取措施，下令"民前或相聚保山泽，不书名数。今天下已定，令各归其县，复故爵、田宅"，从而恢复农业生产。同时，以"黄老无为而治"的施政方针，达到"政不出房户，天下晏然"的效果。刘邦死后，刘盈继位，即汉惠帝，但实际乃吕后称制。吕后遵刘邦遗嘱用曹参为丞相，萧规曹随，继续沿用汉高祖刘邦的黄老之政。但吕后同时又任用外戚，压制功臣，酿成"诸吕之乱"。

吕后死后，诸吕被以周勃为领袖的大臣铲除，众臣迎立汉文帝。汉文帝及其子汉景帝在位期间，践行黄老无为而治的手段，实行轻徭薄赋、与民休息的政策，社会经济逐渐发展。这个时期，虽匈奴数次入寇边界，但多数时间国家处于相对和平的状态，是中国大一统王朝的第一个治世，史称"文景之治"。

汉景帝死后，其子刘彻即位，是为汉武帝。汉武帝在位期间在政治、文化、军事、外交上采取了一系列改革措施。在政治上，加强皇权，首创年号，采纳主父偃的建议，施行推恩令，削弱了诸侯王的势力，使其不能再对中央构成威胁；后又以诸侯献上的黄金成色不纯为由，取消了百余位列侯的爵位，即史书中的"酎金失侯"事件。此后，中央集权得到了极大的加强。文化上，废除了"无为而治"的治国方针，采纳董仲舒的建议，独尊儒术。虽然汉武帝时期兼用儒、法、道、阴阳、纵横等各家人才，也一直采取集合霸道、王道的治国方针，但汉武帝对儒家的推崇，使儒学得到重视，并在以后成为中国封建社会的最高政治原理。军事上，积极反击匈奴，先后出现了卫青、霍去病、李广等杰出将领，终于击溃匈奴，并修建外长城之光禄塞、居延塞，收复河套

---

① 〔西汉〕司马迁. 史记 [M]. 北京：中华书局，2006.
② 〔西汉〕司马迁. 史记 [M]. 北京：中华书局，2006.

并将河西纳入版图，促成"漠南无王庭"的局面，又先后兼并南越、闽越、夜郎、滇国、卫满朝鲜等国，远征大宛降服西域，奠定了汉代疆域范围，成为当时世界上首屈一指的强国。外交上，派张骞出使西域，开辟了丝绸之路，构建了东西方经济文化交流的桥梁，并以两位公主刘细君、刘解忧和亲西域乌孙，稳定了西域的局面。

多年的对外战争冲击了经济活动，前朝积蓄被消耗殆尽，导致国力衰弱。为此，汉武帝晚年曾发表著名的《轮台诏》，休兵止武，挽救经济。采取将铸币、盐铁收归中央管理，加强农业生产，实行代田法，开凿白渠，创立均输、平准等稳定物价的一系列政策，促进经济的发展。汉武帝死后，年仅7岁的刘弗陵即位，是为汉昭帝。汉昭帝登基之初，由上官桀、金日磾、田千秋、桑弘羊和霍光5人共同辅政，元凤元年（公元前80年）的"元凤政变"中，汉昭帝诛杀了上官桀等一批阴谋权臣，使霍光得以继续辅政，史称"霍光辅政"。霍光遵循汉武帝晚年的国策，对内继续休养生息，使得百姓安居乐业，四海清平。汉昭帝死后，汉武帝孙昌邑王刘贺即位，后被霍光所废，迎立武帝曾孙、戾太子刘据之孙刘询即位，是为汉宣帝。地节二年（公元前68年），汉宣帝亲理政事，采取道法结合的治国方针，努力发展经济。其起自民间，关心民间疾苦，采用借公田来安置流民，减免赋税赈济受灾百姓，设置常平仓供应边塞军需及平衡粮价，并多次下诏扶助鳏、寡、孤、独。经汉宣帝的治理，西汉国势达到极盛，四夷宾服、万邦来朝，史称"孝宣之治"。神爵二年（公元前60年），汉宣帝于西域乌垒城置西域都护府，汉廷政令得以颁行于西域。汉宣帝时期，匈奴走向衰落和分裂，南匈奴臣服于汉。汉元帝建昭三年（公元前36年），陈汤斩杀了北匈奴郅支单于，并表明了"明犯强汉者，虽远必诛"的强硬态度，自此汉匈战争告一段落。

汉宣帝死后，汉元帝刘奭即位，西汉开始走向衰败。汉元帝柔仁好儒，导致皇权旁落，外戚与宦官势力兴起。汉元帝死后，汉成帝刘骜即位。汉成帝好女色，先后宠爱许皇后、班婕妤和赵氏姐妹（赵飞燕、赵合德），酒色侵骨，不理朝政，为外戚王氏集团的兴起提供了条件，皇太后王政君权力急剧膨胀。汉成帝死后，刘欣即位，是为汉哀帝。这个时期，阶级矛盾尖锐，豪强猖獗，兼并土地，农民暴动，盗贼蜂起，国家呈现一片末世之象，民间"再受命"的说法四起。公元前 1 年 8 月 15 日，汉哀帝去世。8 月 17 日，太皇太后王政君派王莽接替董贤成为大司马。10 月 17 日，刘衎即位，为汉平帝。公元 6 年 2 月 3 日，14 岁的汉平帝病死，王莽立仅两岁的刘婴为太子，自任"摄皇帝"。公元 8 年 12 月，王莽废除刘婴的皇太子之位，建立新朝，西汉亡。

第二节　种植业、养殖业、手工业的发展状况

　　秦朝建立，是中国农业社会第一次进入整体发展的重要标志。春秋战国时期，中原核心农业区雏形已成。全国统一之后，关中、汉中、黄淮、巴蜀等诸农业区显示出巨大的整体效应，以农业为基础的国民经济体系确立。

　　秦朝建立以后，全面调整农业生产关系，颁行统一的农业政策法令，完善农官体系。秦规汉随，秦、西汉时期是多种土地制度并存和消长的重要时期，国有土地一度呈渐增趋势。其具体表现，一是加强对战后无主土地的控制；二是国家苑囿园池规模的扩大；三是对豪强权贵土地的罚没与剥夺；四是对边疆地区的开发与屯垦。这些土地或由国家直接经营，或赏赐于权贵、有功者，或贩贫济困分授于民，或假民公田收取租税。小土地所有者是指拥有小块土地的直接生产者，即自耕农，他们拥有自己的小块土地，用全家劳力耕种来维持生活，即孟子所说"明君制民之产，必使仰足以事父母，俯足以畜妻子，乐岁终

身饱，凶年免于死亡"，亦即"百亩之田，勿夺其时，八口之家可以无饥矣"①。即能维持其全家生活的土地数量，使其通过全家劳力耕作，所得除缴纳国家赋税外，剩余尚能维持一家生计及继续重复简单再生产。秦汉时期，这种自耕农所拥有的小块土地，在私有土地中占据了绝大多数。

秦汉统治者之所以采取种种措施培植自耕农，是因为小自耕农经济是中国封建中央集权制的经济基础。自耕农不但是国家政权征收赋税的重要对象，也是兵役和徭役的重要来源。入汉以后，统治者奉行黄老政治和与民休息的方针，"黄老政治"即无为而治，"与民休息"就是要简政省刑，尽量减少国家对经济的干预，减轻百姓赋税徭役负担，并采取重农抑商政策。中央政权所控制的自耕农人数越多，就意味着赋役、徭役的征收量越大，也意味着中央集权制的经济实力越雄厚。故秦汉的统一是建立在农业社会基础上的统一，其当时的版图同样是以适宜农业生产的区域为限的。

图 5-1　汉代农牧图

---

① 〔宋〕朱熹. 孟子［M］. 上海：上海古籍出版社，1990.

图 5-2　汉代荷塘采莲图

一、种植业的发展与提高

秦末之际，秦官仓中仍有大批粮食积储。咸阳"十万石一积"，栎阳"二万石一积"，粮仓规模令人惊叹。陈留"积粟数千万石"，刘邦得秦积粟，"留出入三月，从兵以万数，遂入破秦"①；南阳之宛，"人民众，积蓄多"，楚汉战争的最后阶段，彭越得昌邑诸城"谷十余万斛"，以给汉王食。这些粮食，应为秦仓原储。秦代最有名之粮仓是建于荥阳、成皋间的敖仓。汉臣郦食把敖仓看作"天所以资汉也"。秦亡汉兴十余年，敖仓粮食始终取用不竭，可见储粮之多。关中、巴蜀是长期经营的农区，生产水平居领先地位，楚汉对峙期间，关中、巴蜀成为汉军粮食、兵源基地，萧何"发蜀米万石而给助军粮"②，"转漕关中，给食不乏"③。这就说明，从秦代开始，种植业中的粮食生产已经达到了相当的高度。入汉以后，重农抑商、轻徭薄赋、兴修水利、铁犁牛耕更是极大地促

---

① 〔西汉〕司马迁．史记［M］．北京：中华书局，2006.
② 〔晋〕常璩．华阳国志［M］．四川：巴蜀书社，1984.
③ 〔西汉〕司马迁．史记［M］．北京：中华书局，2006.

进了粮食生产。史载文帝初年每石"粟至十余钱"，达到了谷贱伤农的地步。

秦与西汉时代的粮食作物种类与先秦时期基本相同，黍、稷、麦、菽、稻、麻中粟（稷）依然是黄河中下游地区最主要的粮食作物。小麦种植一直呈上升趋势，黄河流域的小麦种植已相当普遍。麻则逐步退出粮食作物的范围，稻是巴蜀、汉中地区的主要粮食作物，中原地区也有不少种植。按西汉著名农学家氾胜之编著的《氾胜之书》记载，西汉黄河流域的谷物品种为禾、黍、麦、稻、稗、大豆、小豆。菽类中的大豆种植在西汉时期获得了相当程度的重视，《氾胜之书》载："大豆保岁易为，宜古之所以备凶年也。谨计家口数种大豆，率人五亩，此田之本也。"[①] 汉代考古遗址中也发现了当时的农作物遗存，有些遗址的陶仓或简册上还书写着农作物的名称，概括起来看，主要有粟、黍、稻、麦、麻、豆六种，可以与文献记载相佐证。胡麻（脂麻、芝麻）的种植和食用是张骞通西域后引入的。

图 5-3　"小豆万石"陶仓

---

① 万国鼎.氾胜之书辑释［M］.北京：农业出版社，1963.

图 5-4 灰陶彩绘双联仓

秦和西汉的园、圃业也有了高度发展，都城和诸多地域中心城市的郊野已大面积种植蔬菜瓜果，成为城市的重要蔬菜供应基地。种植技术也有提升，秦代，已经有利用临潼附近的地热资源冬天种瓜的记载，《汉书·儒林传》颜注引东汉卫宏文语："乃密种瓜于骊山陵谷中温处，瓜实成。"① 温室栽培技术也在西汉产生，《汉书·召信臣传》载："太官园种冬生葱韭菜茹，覆以屋庑，昼夜燃蕴火，待温气乃生"，《史记·货殖列传》中有"千畦姜韭，其人与千户侯等"的记载，意为种植"千亩姜韭"，收入颇丰，可与"千户侯"收入相比。当时蔬菜的品种主要为葵、韭、瓜、瓠、芜荑、芜菁、姜、芥、荠、薤、蓼、蕺、苏、大葱、小葱、胡葱、胡蒜、胡豆、䪌豆、苜蓿、小蒜、荷、芋、笋、蒲、芸、胡蒜、红花等。这些品种中，辛香类占有很大比重，且半数为入汉以后才有人工栽培的记载，胡蒜（大蒜）、胡葱、胡豆（豇豆）、䪌豆（豌豆）、苜蓿、红花都是从西域引入的。在果树的栽培上，亦有较大发展，《西

---

① 〔东汉〕班固. 汉书［M］. 颜师古，注. 上海：上海古籍出版社，2003.

京杂记》记载了上林苑种植的果树品种中有梨、枣、栗、桃、李、柰、查、榟、棠、梅、杏、林檎、枇杷、橙、安石榴、樗等①。西汉中叶以后，随着各地域的交流和张骞出使西域，除原有的梨、枣、栗、桃、李、柰、楂、棠、杏、梅、柑、橙、榟、柿以外，卢橘（枇杷）、杨梅、蒲陶（葡萄）、荔枝、龙眼、安石榴、槟榔、留求子、橄榄等也已出现。

二、养殖业的发展

文景之治后的汉代社会，生产稳定，养殖业得到极大的发展。养殖种类主要为猪、牛、羊、马、驴、狗等家畜，鸡、鸭、鹅等家禽，以及鱼、鳖、螺、蟹、虾等水产。养殖业的经营者，有边郡大牧主、拥有田庄的地主、一般农家、各地官府等。家畜中，养猪占据重要成分，政府积极督劝农民养猪，"蓄猪以至富"已经成为社会共识，西汉桓宽《盐铁论·散不足》载："夫一豕之肉，得中年之收。"②驯养方式也发生了革命性的变化，同时育成了以四川猪、贵州猪、江苏猪、华北猪等为代表的多类型优良种猪，并且由此衍生发展出一种新的相畜术，即相猪术。《汉书·黄霸传》记载，西汉黄霸为河南颍川太守时，"使邮亭乡官皆畜鸡豚，以赡鳏寡贫穷者"③。龚遂为渤海太守时，命令农民"家二母彘、五鸡"④。鸡、鸭、鹅在此时已稳定成为三大家禽，《汉书·卜式传》载："卜式，河南人也。以田畜为事。有少弟，弟壮，式脱身出，独取畜羊百余，田宅财物尽与弟。式入山牧，十余年，羊致千余头。"⑤刘向《列仙传》载："祝鸡翁者，洛阳人，居尸乡北山下，养鸡百余年。鸡有千余头，皆有名字，暮栖树上，昼放散之。欲引呼名，即依呼而至。"⑥

① 成林，程章灿.西京杂记全译［M］.葛洪，辑.贵阳：贵州人民出版社，1993.
② 〔西汉〕桓宽.盐铁论［M］.北京：华夏出版社，2000.
③ 〔东汉〕班固.汉书［M］.颜师古，注.上海：上海古籍出版社，2003.
④ 〔东汉〕班固.汉书［M］.颜师古，注.上海：上海古籍出版社，2003.
⑤ 〔东汉〕班固.汉书［M］.颜师古，注.上海：上海古籍出版社，2003.
⑥ 〔汉〕刘向.列仙传［M］.钱卫语，释.北京：学苑出版社，1998.

图 5-5　西汉陶猪

图 5-6　西汉陶羊

图 5-7　西汉陶猪圈

水产养殖也很发达，《史记·货殖列传》记载："水居千石鱼陂……亦可比千乘之家"①。张守节"正义"曰："言陂泽养鱼，一岁收得千石鱼卖也。"可见规模之大和收入之可观。不但民间普遍养鱼，连朝廷也在皇宫园池中养鱼，供祭祀之外，还拿到市场上出售。《西京杂记》记载，汉武帝作昆明池，"于上游戏养鱼。鱼给诸陵庙祭祀，馀付长安市卖之"②。养殖的水产种类很多，西汉黄门令史游的《急就篇》中提到的就有鲤、鲋、蟹、鲐、虾等。鲤鱼是当时养殖最普遍的鱼类，《急就篇》将其列在首位。枚乘在《七发》中叙述"天下之至美"时，鱼类中只提到"鲜鲤之鲙"。

三、手工业的发展

秦和西汉的手工业继承前代的趋势而更为发展，这和整个社会的稳定和商业发展有直接关系。同时，各类矿产的开发尤其是金属矿产的大量开发极大地促进了铁器制造和盐的加工生产，也带动了其他手工业门类的发展。

1. 制铁业

铁器关系到国计民生。西汉初期，各地制铁业多被控制在诸侯王及富商手中。汉武帝时，在各地置盐铁官，垄断全国的制铁业，并实行专卖政策。西汉的铁器包括犁、锸、铲、锄、耙、镰等农具；斧、锛、锤、凿、刀、锯、锥、钉等工具；鼎、炉、釜等容器和炊器，还有带钩、镊子、火钳、剪刀、厨刀、钓鱼钩、缝衣针等生活用具。西汉铁器中用块炼铁作材料的锻件，有许多已达到钢的标准，而且在战国晚期"块炼渗碳钢"的基础上更进了一步，到西汉中期已能用反复锻打的方法使之成为早期的"百炼钢"。满城汉墓出土的刘胜佩剑，便是这种正在形成的"百炼钢"工艺的早期产品。此剑还经过表面渗碳和刃部淬火，使得剑刃坚硬、锋利，而脊部仍保持较好的韧性。另外，铁器中用生铁作材料的铸件，除了有许多是经过柔化处理的"展性铸铁"以外，到西汉中期还出现了不少"灰口铁"的铸件，后者更具有硬度较低、脆性较

① 〔西汉〕司马迁. 史记 [M]. 北京：中华书局，2006.
② 〔晋〕葛洪. 西京杂记 [M]. 周天游，校注. 西安：三秦出版社，2006.

小、耐磨、滑润性能良好等特点。西汉中期，发明了利用热处理使铸铁在固体状态下脱碳成钢的技术。西汉后期，又出现了用生铁炒炼成钢的新方法，主要是将生铁加热成半液体状态，加以不断的搅拌，利用空气中的氧使之脱碳，以获得不同含碳量的钢，可称"炒钢"。

图 5-8　西汉铁锛、铁铲

图 5-9　西汉铁制炊、食器

图 5-10　西汉铁农具

图 5-11 西汉铁剪刀

图 5-12 西汉铁兵器

2. 制陶业的发展

秦代陶器以关中秦故地的陶器为代表，典型器物有茧形壶、盆、鬲、釜、盂、豆、罐、瓮、仓等。茧形壶，又习称鸭蛋壶，腹部向两侧横延，酷似蚕茧，又似鸭蛋而得名。窖底盆，在秦都咸阳宫殿遗址中出土，口和底均似椭圆形，口缘外卷，腹部略向外突，厚实坚硬，出土时数节相套，口径1米，高60厘米，底径50厘米，可能为储粮之用。秦代陶器质地细腻，颜色多为浅灰色，原料经过良好加工，一般用泥条盘铸法成型，也有的用陶轮成型，弦纹装饰在陶轮成型过程中作出。秦代陶器最惹人注目的是兵马俑，被誉为世界奇观，形体高大，形象生动而传神。秦兵马俑的烧成，是陶瓷工艺史上的空前壮举，反映了当时的文化艺术、科学技术和生产水平。西汉时期官私制陶作坊遍布各个城镇，产量大、种类多、造型优美、质地精良，工艺也有所提高，大多都是轮制的，模制的极少。品种、装饰则因地区不同而有差异，陕西地区日用陶器有豆、盆、筒杯、勺、盘、缸、甑、釜、小壶、扁壶、茧形壶、钵、罐、钟、碗等。明器包括礼器鼎和模型，有明器仓、炉、灶、井、陶囤，以及猪、羊、狗、鸡等家畜家禽及圈舍、住宅等。南方的长沙地区，制陶工艺自成体系，实用器皿有壶、罐、碗、钫、盆、釜、甑、长方炉、博山炉等。殉葬明器有灶、仓、井、屋、猪圈模型等。广东地区常用陶器有瓮、双耳罐、提、四联罐和五联罐、瓿、小瓿、壶、匏壶、温壶、钫、盒、敦、小盒、三足盒、三足罐、三足瓿、四联盒、碗、盆、甑、釜、鼎、豆、三足格盒等。四川、云南和中原相似，如圆底釜、鼓腹壶等。

图 5-13　秦代兵马俑

西汉制陶业的新发明，是棕黄色和绿色的釉陶。烧成温度约为摄氏 800度，内胎呈砖红色。釉药中含有大量的氧化铅，故称"铅釉"，由于主要流行于黄河流域和北方地区，也称"北方釉陶"。铅釉出现于西汉中期，先在陕西中部和河南流行，西汉后期，迅速普及到黄河流域和北方地区。器物种类有鼎、钟等仿铜容器，也有仓、灶、井、楼阁等模型及鸡、狗等动物偶像。由于陶质不坚，釉也易于脱落或变质，只存在于墓葬中而不见于居住地，是专供随葬用的。有观点认为铅釉陶器在西汉中期出现，是由于汉通西域以后，受到西亚方面釉陶的影响。也有观点认为，虽然西亚的釉陶与汉代的铅釉陶同属低温烧成，但釉的成分不同，两者未必有关。南方各地的硬陶上有时有一层薄釉，或黄或绿，颜色都很浅，烧成温度甚高，属于周以来传统的青釉。西汉中后期有一种双耳的陶瓶，胎壁呈紫褐色，颈部和肩部施较厚的绿色釉，也属青釉系统。

图 5-14（1）　西汉陶釜

图 5-14（2） 西汉陶釜

图 5-15（1） 西汉陶壶

图 5-15（2） 西汉陶壶

图 5-16 西汉黄釉陶壶

图 5-17 西汉黄釉陶壶

3. 漆器制作

漆是性能良好的天然涂料。漆器耐酸碱，抗沸水，轻便耐用，精致艳丽。秦代京城设有手工漆器作坊，西汉从京城到郡国均有漆器作坊，设官职管理漆器生产的有蜀郡、广汉郡、河内郡、河南郡、颍川郡、南阳郡、济南郡、泰山郡等8个郡。以蜀郡、广汉郡的金银饰漆器最为著名，秦代漆器多为木胎，图案简练优美。当时已能建造荫室，创造阴湿无尘的环境，以供漆器阴干之用。西汉漆器制作精巧，色彩鲜艳，花纹优美，装饰精致。《盐铁论·散不足》载："一杯用百人之力，一屏风就万人之功。富者银口黄耳，金罍玉钟；中者舒玉纻器，金错蜀杯，夫一文杯得铜杯十。"[①] 西汉宫廷多用漆器为饮食器皿，部分漆器上刻有"大官""汤官"等字的系主管膳食的官署所藏之器；书写"上林"字样的，则是上林苑宫观所用之物。新莽时期的漆盘铭文显示，长乐宫中所用漆器中，仅漆盘即达数千件。贵族官僚亦崇尚使用漆器，并在器上书写其封爵或姓氏，如"长沙王后家般（盘）""侯家""王氏牢"等，作为标记。西汉漆器有木胎、竹胎和夹纻胎（用漆夹麻布制成硬胎，部分中心为空）等，以木胎为主。种类以食具、酒具等生活用具和装饰品为主，并有一些漆礼器取代铜礼器，亦开始出现器型高大的钫、钟、盘等，漆木家具进入全盛时期。从鞔饰技术看，有漆绘、油绘、针刻，并有在刻纹中再用彩笔勾点，更为华美，还出现了用针刻出花纹后填金的戗金新技法。西汉中期以后，流行在盘、樽、盒、奁等器物的口沿上镶镀金或镀银的铜箍，在杯的双耳上镶镀金的铜壳，这便是所谓"银口黄耳"。有些漆器如樽、奁和盒的盖上常附有镀金的铜饰，有时还镶嵌水晶或玻璃珠。长沙马王堆西汉墓出土的184件漆器，埋藏2100年后仍然色彩艳丽，光泽如新，当是代表。

---

① 〔西汉〕桓宽. 盐铁论［M］. 北京：华夏出版社，2000.

图 5-18　西汉耳杯套盒

图 5-19　西汉耳杯

图 5-20 汉代三鱼纹耳杯

图 5-21 西汉漆樽

图 5-22　西汉君幸食漆盘

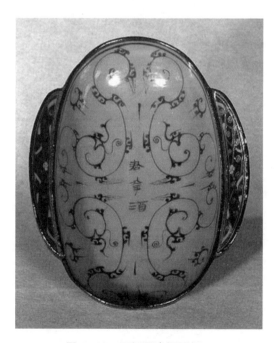

图 5-23　西汉君幸酒耳杯

4. 制盐业

秦代盐业属政府管辖，采取包商制，工商业者须取得许可，交纳盐税，方可就海煮盐。西汉立国以后，便"弛山泽之禁"（《史记·货殖列传》），听任私人和诸侯国经营盐业，政府也经营一部分盐业。当时的煮盐大家往往聚众千余人，一批地方豪强靠经营盐业致富，经济力量强大。吴国、齐国等诸侯国也经营煮盐业，收入不归朝廷。如吴王濞"煮海水为盐，以故无赋，国有饶足"（《史记·吴王濞列传》）。汉武帝临朝后在全国推行盐铁官营政策，严禁私人煮盐。采取民制、官收、官运、官销的政策，即"愿募民自给费，因官器作煮盐，官与牢盆"（《史记·平准书》）。《汉书·食货志》载："敢私铸铁器鬻盐者，钛左趾，没入其器。"《汉书·食货志下》载："官与牢盆。"王先谦补注："此是官与以煮盐器作，而定其价值，故曰牢盆。"汉代煮盐用的牢盆，至今仍有遗存。当时朝廷以大司农领盐铁事，在各郡国设有 37 处盐官，经营盐业。但盐价因此提高，贫苦百姓往往被迫淡食。

秦、西汉之盐大致可分为海盐、池盐和井盐，齐（山东）、吴（江浙）沿海为海盐主要产地，河东（山西西南部）为池盐主要产地，蜀郡广都（四川双流县东南）一带产井盐，其技术为钻井、汲卤、煎盐。四川出土的汉代煮盐图画像砖，再现了当时井盐生产的情景，即在一口盐井上构筑四柱双层楼架，安装辘轳，系上吊桶，四人配合将卤桶提到高处，通过竹管输送卤水到煎盐灶旁，以木柴为燃料熬盐。至西汉宣帝时，临邛（邛崃）已使用井火（天然气井）煮盐，提高了出盐率，如用木柴煮卤水一石，得盐二三斗，用火井可得四五斗。

图 5-24　煮盐牢盆

图 5-25　汉代煮盐画像砖

图 5-26　煮盐图

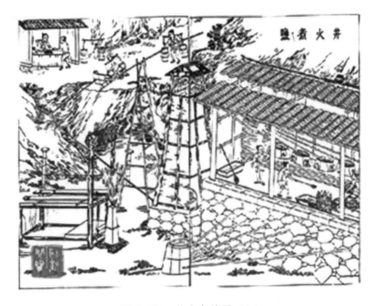

图 5-27　井火煮盐图（1）

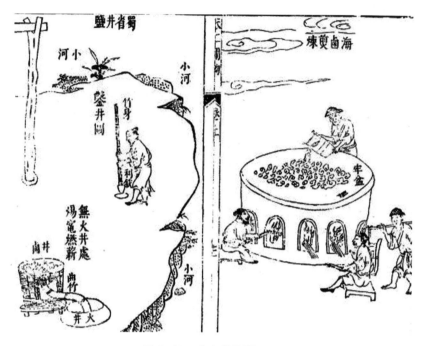

图 5-27　井火煮盐图 (2)

第三节　城市的发展和商业、
饮食业的发展

　　秦从公元前 350 年至公元前 206 年以咸阳为都城一百四十四年。公元前 221 年秦始皇统一天下后，全力扩建咸阳，并迁天下富豪十二万户于此，使咸阳成为名副其实的京都。公元前 206 年项羽入关，咸阳即遭焚毁。咸阳之外，临淄、邯郸、洛阳、阳翟、宛等，都呈现兴盛发展的局面，为此后城市的发展，各地域政治、经济、文化中心的形成奠定了基础。

一、秦与西汉城市的发展

秦统一后实行郡县制，初设 36 郡，后增至 40 余郡，设县 900 左右。各郡、县设官职机构，驻扎守兵，主要是实现政治中心的行政功能。但秦代推动、实施的车同轨、书同文、度量衡统一和修筑全国驰道，为各郡、县城市的建设和发展提供了体制基础。然而，秦朝只是集举国之力建设了京都，并下令毁六国都城和各诸侯所筑城廓，又迁六国贵族和豪民至咸阳，由此在一段时间内造成了诸多原都会城市的衰落。

西汉建国后，汉高祖刘邦于公元前 201 年令"天下县邑城"，要求各封邑与县治筑城。修筑、完善城墙和衙门，配套建设道路和引水设施。再加西汉初采取与民休养生息的政策，山泽弛禁，商业开放，"宛、周、齐、鲁，商遍天下。故乃商贾之富，或累万金"（《盐铁论·力耕》）。这都极大地促进了城市的发展和繁荣。"燕之涿、蓟，赵之邯郸，魏之温、轵，韩之荥阳，齐之临淄，楚之宛、陈，郑之阳翟，三川之二周，富冠海内，皆为天下名都"（《盐铁论·力耕》）①。西汉时的重要城市有长安、洛阳、温、轵、杨、平阳、邯郸、涿、蓟、荥阳、睢阳、陈、阳翟、定陶、临淄、寿春、合肥、成都、宛、江陵、吴、番禺等。其中大部分为郡国的首府，并多数集中于黄河流域。长安、洛阳、临淄、邯郸、成都、宛属全国都会。

长安：长安作为西汉都城，是全国的政治中心，又是对外经济文化交流的中心。长安拥有关中平原富饶的农业，又有相当发达的冶铁、丝织、砖瓦等主要手工业。长安城周为 65 里，汉武帝时增建桂宫、北宫和明光宫，城外建上林苑和建章宫。长安郊区建陵城，安置从全国各地所迁的豪富，先后建成长陵、安陵、霸陵、阳陵、茂陵、杜陵、平陵等共 7 个陵城。茂陵在陵城中规模较大，人数达 27 万以上，其余陵城规模也在 10 万人之上。

---

① 〔西汉〕桓宽. 盐铁论［M］. 北京：华夏出版社，2000.

洛阳：地理位置适中，是交通枢纽和战略要冲，汉高祖刘邦曾欲建都于此。西汉一代为河南郡郡治，政治地位仅次于长安。洛阳设有铁官、工官，手工业有相当规模。元始二年有户五万多。

邯郸：河北平原南部最大的工商业城市，附近铁矿资源丰富，很早就形成著名的冶铁中心。除优越的交通条件外，传统的冶铁业是其成为工商业都市的重要条件。

临淄：位于鲁中山地北麓、从中原通往山东半岛的东西大道上。西汉时设有铁官、服官，尤以丝织业知名。至汉武帝时"临淄十万户，市租千金，人众殷富，巨于长安"。

成都："天府之国"的经济中心，农业发达，矿产丰富，手工业也相当兴盛。除了以蜀锦而闻名于世的丝织业，金银器、漆器制造亦甚可观。元始二年，成都有七万六千多户，逾于洛阳。

宛：南阳郡郡治，是关中、河洛、江淮之间的交通要冲，设有铁官、工官，是除邯郸外的另一个冶铁业中心。元始二年有四万七千多户，与洛阳相近。

其他地位稍次的城市，均因居水陆交通沿线或枢纽之处而成为一方中心。黄河以北以陆路交通为主，如蓟（今北京）和涿（今河北涿县）都位于太行山东麓南北大道上，河东地区的杨（今山西洪洞东南）、平阳（今山西临汾西南）则是处于晋西北畜牧游猎区和汾、涑河流域农业经济区的交界处。轵（今河南济源南）、温（今河南温县西）位于太行山区进入华北平原南北陉道和黄河北岸东西大道的交会点上。

黄河以南发展起来的城市得益于水运。黄淮平原西缘的阳翟（今河南禹县）由颍水可达陈、蔡，元始二年有户四万多。位于鸿沟分黄河水口附近的荥阳（今河南荥阳东北），因处于水运咽喉而成都会，定陶（今山东定陶西北）居济、泗二水交汇处，以定陶为治所的济阴郡，是西汉版图内人口最密集的地区。与定陶地理条件相近的还有梁国首府睢阳（今河南商丘）和淮阳国国都陈（今河南淮阳），前者处于获、睢二水之间，后者位于鸿沟和颍水交汇处。江淮之间的合肥和寿春因沟通淮河、长江两大流域而兴盛，长江中下游的江陵和吴（今江苏苏州）都具有优越的水运条件。江陵东近物产丰富的云梦地区，经济基础较好，城市繁荣。桓谭《新论·谴非》载：江陵城内"车毂击，民肩摩，市路相排突，号为朝衣新而暮衣蔽"。吴有三江五湖之利，为会稽郡郡治，是江东第一都会。岭南地区的番禺（今广东广州）则是西汉海路对外交流中心。

二、商业发展与市场形成

秦代，都城咸阳城人口众多，商业繁荣。城内设有咸阳市、直市、奴市等著名市场，有专门管理机构，以"金布律""关市律"控制市场。但秦代出台的"上农抑末"政策，是中国最早实行的抑商政策，对后世影响深远。入汉以后"汉兴，海内为一，开关梁，弛山泽之禁，是以富商大贾周流天下，交易之物莫不通，得其所欲，而徙豪杰诸侯彊族于京师"（《史记·货殖列传》）。长安百业繁荣，人口密集，元始二年（公元2年）已有户八万多，四方商品咸集于此，丝绸之路又以此为起点。东汉班固在《西都赋》中描绘城内"街衢洞达，闾阎且千；九市开场，货别隧分，人不得顾，车不得旋，阗城溢郭，傍流百廛"。唯长安居关中平原，当时的条件下，对东南交通不便，依靠关东转漕，颇费周折，即使开褒斜道以通巴蜀，亦不奏效，故长安商业未得到充分发展。但以长安为首，洛阳、邯郸、临淄、宛、成都依靠水陆商路的便利，沟通互市，形成了一个覆盖全国的商业网雏形。

西汉商业分官营和私营两种，官营商业规模最大，京师设有掌握全国财政的大司农官，其属官有均输官和平准官。平准官掌握各地物价贵贱，通过均输官，令郡、国均输官在价低之地买进货物，运到京师或价高之地出售。运输工具由工官制造，运输所用人工名义上是政府付佣金，实乃是征发民卒完成，故官营商业获利甚巨，私营商业也获得了很大发展。同时，国内政治统一，商贾往来不征关税，造就诸多富商。《汉书·传·货殖传》载："关中富商大贾，大氐尽诸田，田墙、田兰。韦家栗氏、安陵杜氏亦巨万。前富者既衰，自元、成讫王莽，京师富人杜陵樊嘉，茂陵挚网，平陵如氏、苴氏，长安丹王君房，豉樊少翁、王孙大卿，为天下高訾。樊嘉五千万，其余皆巨万矣。王孙大卿以财养士，与雄桀交，王莽以为京司市师，汉司东市令也。"①有权势的贵族也自营商业，汉哀帝（公元前6年—前1年）时，曲阳侯王根在长安营造宅第，内设两市，经营商业。《汉书·传·货殖传》所载："谚曰以贫求富，农不如工，工不如商，刺绣文不如倚市门。"当非虚言。

西汉的市场区划在城内的固定地点，原则是《周礼·考工记》所载的"方九里，旁三门，面朝后市，左祖右社"。但随着城与市的发展，《周礼》的规定被突破，据《后汉书·班固传》注引《汉宫阙疏》载，长安九市中"六市在道西，三市在道东。凡四里为一市，致九州之人。在突门夹横桥大道，市楼皆重屋，又曰旗亭楼。在杜门大道南，又有当市楼，有令署以察商贾货财买卖贸易之事，三辅都尉掌之"。九市中有名可记的有八市，如西市、柳市、东市、孝里市、直市（在渭桥北，因物价无二，故以直市为名）、交门市、交道亭市和高市。槐市，在太学附近，太学诸生于每月朔望时在槐树林下交易各自带来的本郡物产及经传、书籍、笙磬乐器等。

据《三辅黄图》载，长安各市皆成方形，四面设肆，供商贾列肆货卖之用。《汉书·食货志》载："开市肆以通之。"唐颜师古注："肆，列也。"崔豹《古今注》说："肆店，肆所以陈货鬻之物也；店所以置货鬻之物也。"市的四面各设一门，供交易出入。《西京赋》说长安九市"通阛带阓"，崔豹《古今注》曰："阛，市垣也；阓，市门也"，市门定时启闭。从四川成都新繁区出土的砖市井图看，市区三方设门，门面三开，市门东西相对，市内有隧，中央相交如十字形，即市内的通道。隧两旁夹以陈列商品的列肆（亦称"市列"）建筑，商肆

---

① 〔东汉〕班固.汉书［M］.颜师古，注.上海：上海古籍出版社，2003.

皆分列成行，井然有序。靠市墙有堆放货物的店，即"邸舍"或"廛"。

图 5-28　汉画像砖市井图

三、社会饮食业的发展

政治稳定，与民休息，故城市发展、市场成形、富商大贾、周流天下，饮食之事，便成刚需，而且极具规模。《汉书·传·货殖传》载："通邑大都酤一岁千酿，醯酱千瓨，浆千儋，屠牛、羊、彘千皮，谷籴千钟，薪槁千车。"这种表述也仅是一般言之，京师长安和其他如洛阳等城市每年所售绝非以千酿、千瓮、千担、千匹可结。正如《史记·货殖列传》所载："卖浆，小业也，而张氏千万……胃脯，简微耳，浊氏连骑。"《汉书·传·货殖传》亦载："翁伯以贩脂而倾县邑，张氏以卖酱而隃侈，质氏以洒削而鼎食，浊氏以胃脯而连骑。"贩卖脂肪成为一城首富，卖浆水而有千万家财的奢华，磨刀的钟鸣鼎食，卖肉类干品能车马成行，便知其经营之规模和盈利之丰。

西汉的社会饮食业从"文景之治"开始便进入一个成长、成熟的过程，

35

并自此确立了饮食行业的主要业态和服务范围。主要业态大体分为三类，即饮品经营、熟食经营、原料经营。

1. 饮品经营

即酒与浆的售卖。早期的酒肆只售酒而无酒食，是列肆售卖，后期酒肆则有酒食搭售，称为酒家。浆是酒之外多种饮品的泛称，包括酸浆、粉浆、淡酒等，浆的售卖多为车载和挑担的形式。四川彭县升平乡出土的汉画像砖《羊樽酒肆图》，表现的是一处市井中颇具规模的酒肆，店铺之外的右首摆放着一张木案，上面陈设了两个羊樽和一个方形酒器，可视为酒肆的招牌。酒肆垆内有两个酒瓮，垆台上有一个温酒的器具，以供客人即时品用。店外有人担酒而来，另一人推车载羊樽而去。说明酒肆售酒而不酿酒，酒应是从官商批发而来。《西京杂记》载司马相如和卓文君于临邛（今四川省成都市邛崃市），开酒肆谋生，相如"亲著犊鼻裈涤器"，而出身巨富之家，面貌姣好的文君则当垆卖酒。《史记·司马相如传》也载：司马相如"著犊鼻裈，与保庸杂作""而令文君当垆"，此事可作为西汉酒肆一证。犊鼻裈也成为饮食行业从业者最早记载的工装。

2. 熟食经营

包括各类谷物制品、肉类制品。汉·桓宽《盐铁论·散不足》载："今民间酒食，肴旅重叠，燔炙满案，臑鳖脍腥，麑卵鹑鷃……众味杂陈"，其经营形式包括店铺经营和车载担挑。

3. 原料经营

含成品、半成品、干制品，包括畜禽的屠宰及酱、醢、盐、脂、脯等和各种谷物、蔬菜、水果。其经营形式亦为店铺和车载、担挑。

服务范围方面，酒肆、酒家作为西汉社会饮食业的经营主体，其服务范围发生了很大变化。店售、堂食并提供服务渐成主流。虽然"汉律，三人以上无故群饮酒，罚金四两"（《汉书·文帝纪》注），但聚餐、筵席还是从宫廷、官府走向了社会酒家。西汉中后期，北方胡人大量内迁，诸多酒肆由年轻貌美的胡女当垆，招徕顾客，并提供歌舞服务。汉辛延年《羽林郎》诗云："昔有霍家奴，姓冯名子都。依倚将军势，调笑酒家胡。胡姬年十五，春日独当垆。长裙连理带，广袖合欢襦。头上蓝田玉，耳后大秦珠。两鬟何窈窕，一世良所无""就我求清酒，丝绳提玉壶。就我求珍肴，金盘脍鲤鱼"可为佐证。应该说，这是社会饮食行业在店堂服务上一个重要的历史节点。

图 5-29　汉画像砖羊樽酒肆图

图 5-30　汉画像砖酒肆

第四节　民族与地区交流对
中国烹饪的影响

　　西汉全面继承了秦代的疆域，作为强大的中原王朝，必然对域外有强大的辐射力和吸引力，从而产生民族与国家之间的交流。正如《汉书·张骞传》所载："大宛闻汉之饶财，欲通不得，见骞，喜。"而中央集权下的大一统局面，又使各地区之间的相互交流成为可能，这些交流对中国烹饪的发展产生了积极的影响。

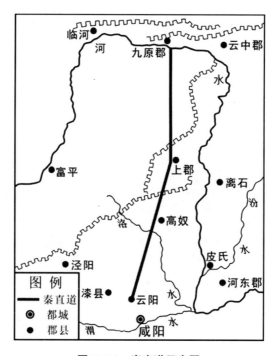

图 5-31　秦直道示意图

西汉对域外的交流主要是两个方向。一是西域。西域一词，最早见于《汉书·西域传》，西汉时期，狭义的西域是指玉门关、阳关（今甘肃敦煌西）以西，葱岭（帕米尔高原）以东，昆仑山以北，巴尔喀什湖以南，即汉代西域都护府的辖地，今之新疆地区。广义的西域还包括葱岭以西的中亚细亚、西亚、印度、高加索、黑海沿岸等地，包括今阿富汗、伊朗、乌兹别克至地中海沿岸。西域以天山为界分为南北两个部分，西汉初年，有"三十六国"：南有楼兰（鄯善，在罗布泊附近）、菇羌、且末、于阗（今和田）、莎车等，称为"南道诸国"；北有姑师（后分前、后车师，在今吐鲁番）、尉犁、焉耆、龟兹（今库车）、温宿、姑墨（今阿克苏）、疏勒（今喀什）等，称为"北道诸国"。通往西域道路的开辟较为久远，但真正开通成为丝绸之路还始于张骞"凿空"西域，"于是西北国始通于汉矣"（《史记·大宛列传》）。二是北方游牧民族。秦时为方便迎击北方匈奴的侵扰，以咸阳以北的云阳为起点向北修筑"直道"通九原郡，西汉武帝时又在西北边境修筑回中道，即"北出萧关"（《汉书·武帝纪》）。萧关故址在今宁夏固原东南，为自关中通向塞北的交通要冲。这几条道路虽因军事需要所开，但西汉与北方游牧民族间"关市"的存在，使之成为西汉与塞外游牧民族之间建立经济联系的主要渠道。

地区之间的交流在于西南地区和岭南地区的开拓。《史记·西南夷列传》载：秦始皇"命常頞略通五尺道，诸此国颇置吏焉。十余岁，秦灭。及汉兴，弃此国而关蜀故徼。巴蜀民或窃出商贾，取其茄马、僰僮、髦牛，以此巴蜀殷富"。汉武帝时，在平定西南夷之后，又在"五尺道"的基础上开通褒斜道。成为巴蜀地区和外界交往的交通要道。"巴蜀亦沃野，地饶巵、姜、丹沙、石、铜、铁、竹、木之器。南御滇僰，僰僮。西近邛笮，笮马、髦牛。然四塞，栈道千里，无所不通，唯褒斜绾毂其口，以所多易所鲜"（《史记·货殖列传》）。岭南地区的开拓始于公元前214年，秦平定南越后，把岭南地区划分为南海、桂林、象郡三郡，开凿南岭山脉，将岭南地区的道路同驰道连接起来，史称"新道"，即"秦所通越道"（《史记·南越列传》）。又开凿灵渠，沟通了长江水系和珠江水系，便利了岭南和中原的联系，使岭南社会经济得以快速发展。

域外和域内各地区之间的交流对中国烹饪的影响，主要表现为烹饪原料范围的扩展，并相应促进烹饪技术的扩展和提升。这个时期从西域和西南、岭南传入中原地区的烹饪原料中，影响最大的当数胡麻、胡椒、胡蒜、胡葱、胡荽。现在尚无准确的资料确认这些原料的引进时间和引进人，但大概率是张骞通西域之后，丝绸之路上的商旅往来和商人们的餐饮需求应该是主要的成因。

首先是胡麻，胡麻又称巨胜、方茎、油麻、脂麻，唐代以后方称芝麻，原产近东、地中海沿岸，进入中国后被广泛种植。胡麻不但可直接食用，而且是胡饼之类的配料，又可榨油，成为中国烹饪中不可或缺的调味油脂。

其次是胡椒，又名昧履支、披垒、坡洼热等。胡椒进入中国之前，花椒是烹饪可用的主要辛香类原料。但胡椒引进后，随着石磨的发明和广泛使用，胡椒粉成为辛香类原料的头牌，在它灭腥、去臊、除膻的功效被广泛认可以后，又被发现有温中、下气、消痰、解毒的药效。以胡椒为主要调味料的胡辛羹（胡辣汤）在后世成为中原一带的头羹之一。

胡葱，又名大葱，此名当是相对于中国原产的小葱（香葱）而名。关于大葱原始品种最早的引进时间，《管子》一书有"桓公五年，北伐山戎，得冬葱与戎椒，布之天下"的记载。齐桓公五年，大致相当于公元前 681 年，山戎是生活在燕山一带、以林中狩猎和放牧为主的游牧民族，被称为北方胡人的一部分。但胡葱的大量种植和食用还是在西汉时期。

胡蒜又称大蒜，也是相对小蒜（薤白）而名。大蒜起源于中亚和地中海地区，与小蒜同为百合科葱属植物。大蒜整棵植株具有强烈的辛辣味，蒜头、蒜叶（青蒜或蒜苗）和花薹（蒜薹）均可作食用，亦可作调味料，并能入药。大葱、大蒜自西汉以后是中国烹饪最常用的不可或缺的配料和调料。

胡荽即芫荽，后常被称为香菜，原产地中海地区，进入中国后被广泛栽培，并被赋予消食开胃、止痛解毒之功效，深受人们喜爱。

在烹饪技术交流方面，胡饼的制作技术当为代表。中国烹饪的制饼以蒸、煮、烙为主要方法，而胡饼则以文火、武火的烧烤为手段，胡麻敷面的胡饼，卷入油脂的胡饼，被称为烧饼、火烧、单麻、双麻而流传至今。

第五节　中国烹饪技术进步的专业因素

在大一统的政治背景下，得益于种植业、养殖业、手工业、冶铁业的发展，域外、域内的交流，商业、饮食业的兴盛，西汉时期中国烹饪技术有了较大的进步。从专业的层面看，原料、工具、灶具、燃料等所发生的变化也是技术进步的重要因素。

一、原料的变化

开通西域后，胡麻的引种和食用使植物油得以发明。胡椒、胡葱、胡蒜等辛香类原料的引种和食用，改进、完善了中国烹饪的调味手段。

二、工具、炊具的变化

西汉冶铁业的发展，给烹饪提供了更好的刀具、炊具。刀具的锋利使得原料的分割可以更加精细，铁制的炊具使高温烹饪能够操作。石磨的发明和使用提高了谷物的加工水平，植物油和面粉的出现催生了新的加工技术与制品。

铁釜是西汉主要炊具之一，造型简洁，釜肩多设有对称环形耳，腹部饱满，往下收缩为小平底。小底釜使其极易置于灶口内，更加稳定。

鍪是在釜的基础上发展而成，增大了底部面积，有的鍪还添设三足。鍪肩向上收缩成颈，后外移为唇，便于倾倒。鍪腹部一侧设有长把手，与肩部的环形耳搭配使用。

甑为分体式结构，釜与甑的结合处为套接式，更加紧密严实。前期甑的三足形式转变为平底或圆底，釜腹的一周突沿设计可以使其与灶口边缘紧密贴合。甑的底面镂制气孔，气孔造型多为三角形、菱形、圆形。

刁斗是西汉出现的新型炊具，是军队携带的一种轻便型炊具。刁斗主体与釜类似，侈口、鼓腹、平底无足，长柄，刁斗的容量为一升左右。《史记·李将军列传》（集解）载："以铜作镣器，受一斗，昼炊饮食，夜击持行。"

三、燃料的变化

冶铁业的高速发展，促进了木炭的生产和供应。据《史记·外戚世家》载："（窦太后）弟曰窦广国，字少君……至宜阳，为其主入山作炭。寒，卧炭下百余人。炭崩，尽压杀卧者。"由此可见，当时烧炭之规模，这就使部分木炭成为烹饪燃料，高温烹饪成为可能。

四、灶具的变化

加热、调味一体的铜染炉得到发展，河北省邢台市南和县左村西汉墓的铜染炉底部带轮，可在筵席上移动。冶铁的发展，使铁制灶具如燎炉出现。铁釜、铁鍪等铁制炊具的发展，又使高台灶取代了地坑灶成为主流。高台灶的完善是西汉烹饪技术体系中多种技术手段的支撑。

从目前出土的西汉灶具明器来看，可分为单眼灶、二眼灶、三眼灶、四眼灶、五眼灶、六眼灶等。单眼灶、二眼灶、三眼灶最为常见，其他相对较少。六眼灶十分稀少。仅在 1982 年山西省太原市尖草坪汉墓出土了六眼圆头灶，该灶上置陶甑 2 个、陶釜 4 个。灶具的形状分为长方形、半椭圆形、圆形、椭圆形、三角形、曲尺形、方形等。其中长方形、半椭圆形、圆形、椭圆形、三角形出土数量较多，曲尺形灶具相对较少。四川省绵阳市永兴双包山二号西汉木椁墓出土的木质灶具为整木雕制，凸字形面，分为囱、台、踏板三部分，囱为长方形孔，囱与灶的火膛相通，台后端为圆弧形，前端为方角形，圆形锅窝。重庆市临江支路西汉墓出土的方形灶四壁微外凸，四边等长，灶门开于前壁正中。灶面一圆形大火眼，其右后角一小火眼。

综合来看，西汉灶具有如下几个特征。

1. 灶膛空间增大。灶具灶膛的空间整体均较前期灶具增大，使得灶内冷热空气形成对流，柴薪充分燃烧，增加了热量。

2. 灶台布局合理。此时灶具大多为单灶门，在火力不同的火眼上分置不同炊具，能同时完成蒸、煮和温水。

3. 曲尺形烟囱广泛使用。此时灶具完成了由直突向曲突的过渡。曲突即曲尺形烟囱被广泛使用，烟囱上一般附有四面坡顶，八面有孔与烟道相通，大大增强了烟囱的抽力。

4. 灶具中出现围屏。1958 年在北京市平谷县汉墓中出土的陶灶，灶的后面和左侧均有围屏，后围屏中有一根与灶面垂直相连的烟囱。

5. 橐龠的使用。橐龠是后世木制风箱的前身，橐，是以牛皮制成的风袋，龠，是吹口管乐器，代指橐的输风管。关于橐龠在烹饪中的使用，现在尚无准确的记载。但烹饪的需求促使多眼灶的出现，而多眼大型灶具对火力的要求提高，鼓风助燃成为必要手段。且战国时期已有橐龠。春秋老子所著《道德经》第五章载："天地之间，其犹橐龠乎？虚而不屈，动而愈出。"山东滕州出土的汉代冶铁画像石中有橐的画面。它有三个木环、两块圆板、外敷皮革，拉开皮橐，空气通过进气口而入橐，压缩皮橐，橐内空气通过排气口进入输风管，再入冶炼炉中，说明橐龠的使用已相当成熟。

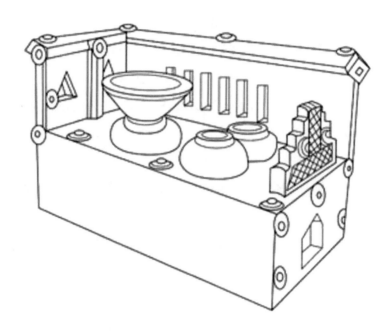

图 5-32　带围屏灶台

图 5-33　西汉铜染炉

图 5-34 西汉铜染炉

图 5-35 西汉陶灶

图 5-36　鍪

图 5-37　甗

第六节 《黄帝内经》的饮食营养观 与中国烹饪

《黄帝内经》成书的战国晚期至西汉初期，也是中国烹饪在周代礼制的框架内开始逐步定型并构成早期体系的时期。一方面《黄帝内经》饮食营养观的形成，离不开中国人的社会生活和烹饪活动，另一方面《黄帝内经》又在成书以后影响并指导着中国烹饪的理论与实践，长达数千年之久。

一、天人相应，饮食养生

天人相应是《黄帝内经》饮食营养观立论的基础。"人以天地之气生，四时之法成。""夫人生于地，悬命于天，天地合气，命之曰人。""天食人以五气，地食人以五味。""天地合气"后成人，故人是自然界的组成部分，于是日月运行、气候变化、四时转换、地理条件等决定着、影响着人的生理活动。因此，顺应天地的变化而饮食作息是健康的根本。故《黄帝内经》提出"夫四时阴阳者，万物之根本也，所以圣人春夏养阳，秋冬养阴，以从其根，故于万物沉浮于生长之门。"即要求人的饮食活动必须做到春、夏之时顺应自然阳气生长，进食温阳之品，而秋冬之季则顺应阴气之生，进食养阴之品。只有这样，才能"天人相应"保证健康。

1. 调理阴阳

《素问·生气通天论》云："阴平阳秘，精神乃治"，《素问·至真要大论》又云："谨察阴阳所在而调之，以平为期。"维持人体阴阳的相对平衡是健康的保障，因此饮食营养必须围绕调理机体的阴阳来进行，阳盛须滋阴，阴盛则助阳，以平为期，调理阴阳是最基本的法则。

2. 谨和五味

《黄帝内经》气味说是以谨和五味为核心的，要求"气味和而服之"，"五脏六腑之气味，皆出于胃，变见于气口"（《素问·五脏别论》）；"阴味出下窍，阳气出上窍。味厚者为阴，薄为阴之阳；气厚者为阳，薄为阳之阴。味厚则泄，薄则通；气薄则发泄，厚则发热"（《素问·阴阳应象大论》）。把握饮食之物的五味四气是谨和五味的关键。

《黄帝内经》中对食物五味的认识，有着较多的论述。《灵枢·五味》说"谷气有五味"。所谓"五味"，是指饮食之物所具有的"甘、苦、辛、咸、酸"五种不同的味。"五味"的作用及阴阳属性是："辛散，酸收，甘缓，苦坚，咸软……此五者，有辛、酸、甘、苦、咸，各有所利，或散或收，或缓或急，或坚或软，四时五脏病，随五味所宜也"（《素问·脏气法时论》）；"辛甘发散为阳，酸苦涌泄为阴，咸味涌泄为阴，淡味渗泄为阳。六者或收或散，或缓或急，或燥或润，或软或坚，以所利而行之，调其气使其平也"（《素问·至真要大论》）。

饮食五味与人体五脏的关系是："五味各走其所喜：谷味酸，先走肝；谷味苦，先走心；谷味甘，先走脾；谷味辛，先走肺；谷味咸，先走肾"（《灵枢·五味》）；"五味所入：酸入肝，辛入肺，苦入心，甘入脾，咸入肾，淡入胃，是谓五入"（《灵枢·九针论》）；以及"酸走筋，辛走气，苦走血，咸走骨，甘走肉，是谓五走也"（《灵枢·九针论》）。五味之间的关系是："酸伤筋，辛胜酸；苦伤气，咸胜苦；甘伤肉，酸胜甘；辛伤皮毛，苦胜辛；咸伤血，甘胜咸"（《素问·阴阳应象大论》）。

《素问·生气通天论》载："阳之所生，本在五味，阴之五宫，伤在五味。是故味过于酸，肝气以津，脾气乃绝。味过于咸，大骨气劳，短肌，心气抑。味过于甘，心气喘满，色黑，肾气不衡。味过于苦，脾气不濡，胃气乃厚。味过于辛，筋脉沮弛，精神乃央。是故谨和五味，骨正筋柔，气血以流，腠理以密，如是则骨气以精，谨道如法，长有天命。"《素问·五脏生成》载："多食咸，则脉凝泣而变色；多食苦，则皮槁而毛拔；多食辛，则筋急而爪枯；多食酸，则肉胝皱而唇揭；多食甘，则骨痛而发落。此五味之所伤也。"明确提出饮食五味虽然养生，但偏嗜五味，五味太过又会伤人，只有"谨和五味"，才能享有天赋之命。

对于饮食之物的"五味"归属，《灵枢·五味》载："五谷：秔米甘，麻酸，大豆咸，麦苦，黄黍辛。五果：枣甘，李酸，栗咸，杏苦，桃辛。五畜：牛甘，犬酸，猪咸，羊苦，鸡辛。五菜：葵甘，韭酸，藿咸，薤苦，葱辛。"五味之外，在《黄帝内经》中还提出了"五臭"的概念，即臊、焦、香、腥、腐："肝，其臭臊。心，其臭焦。脾，其臭香。肺，其臭腥。肾，其臭腐"（《素问·金匮真言论》）。

饮食之物的四气是指其有寒、热、温、凉之分，在烹饪和食用中要"热者寒之，寒者热之"（《素问·至真要大论》）；"用寒远寒，用凉远凉，用温远温，用热远热，食宜同法"（《素问·六元正纪大论》）；"水谷之寒热，感则害六腑"（《素问·阴阳应象大论》），以适应不同的对象和需要。

3. 因人制宜

因人制宜就是要根据不同的体质，采取相应的饮食营养手段。"人之生也，有刚有柔，有弱有强，有短有长，有阴有阳"（《灵枢·寿夭刚柔》）；"人之肥瘦、大小、寒温，有老、壮、少、小"（《灵枢·卫气失常》）。《灵枢》所载"阴阳二十五人"，是根据人的禀赋等的不同，将人分为 25 种不同的体质特性，因此在饮食营养上也应"必知形之肥瘦，营卫血气之盛衰"（《素问·八正神明论》），必"先知二十五人"，"视其寒温盛衰而调之"（《灵枢·经水》），"审有余不足，盛者泻之，虚者补之"（《灵枢·通天》）。

4. 因时制宜

因时制宜是要求顺应四时气候的变化，根据季节寒热的不同，制订相应的饮食营养之法，《灵枢·四时气》载"四时之气，各有所在"。《灵枢·顺气一日分为四时》又载"春生、夏长、秋收、冬藏，是气之常也，人亦应之"。《素问·四气调神大论》提出，"夫四时阴阳者，万物之根本也。所以圣人春夏养阳，秋冬养阴，以从其根"。"故智者之养生也，必顺四时而适寒暑，和喜怒而安居处，节阴阳而调刚柔。如是则僻邪不至，长生久视"（《灵枢·本神》）。"用寒远寒，用凉远凉，用温远温，用热远热，食宜同法"（《素问·六元正纪大论》）。

5. 因地制宜

不同的地理环境对人体生理功能的影响不同。因此，饮食营养上要针对地域环境的不同情况，制订相应的饮食营养方法，"地有高下，气有温凉，高者气寒，下者气热"（《素问·五常政大论》）。《素问·异法方宜论》又载："东方之域，天地之所始生也，鱼盐之地，海滨傍水，其民食鱼而嗜咸，皆安其处，美其食。鱼者使人热中，盐者胜血，故其民皆黑色疏理，其病皆为痈疡，其治宜砭石。……故圣人杂合以治，各得其所宜，故治所以异而病皆愈者，得病之情，知之大体也。"

二、四五配膳，有宜有忌

四五配膳是膳食平衡的重要法则，《素问·脏器法时论》载："五谷为养，五果为助，五畜为益，五菜为充，气味和而服之，以补精益气"；《素问·五常政大论》载："谷肉果菜，食养尽之。"而在坚持饮食营养之宜的同时，还要遵从饮食之忌，如"肝病禁辛，心病禁咸，脾病禁酸，肾病禁甘，肺病禁苦"（《灵枢·五味》），"病在筋，无食酸；病在气，无食辛；病在骨，无食咸；病在血，无食苦；病在肉，无食甘。口嗜而欲食之，不可多也，必自裁也，命曰五裁"（《灵枢·九针论》）；《素问·宣明五气》提出："五味所禁：辛走气，气病无多食辛；咸走血，血病无多食咸；苦走骨，骨病无多食苦；甘走肉，肉病无多食甘；酸走筋，筋病无多食酸。是谓五禁，无令多食。"要根据不同的疾病对饮食五味有所限制。

三、药食同源，饮食疗疾

可食者亦可为药，药食本属一枝。《黄帝内经》中有较多的论述，如"肝苦急，食甘以缓之""心苦缓，急食酸以收之""脾苦湿，急食苦以燥之""肺苦气上逆，急食苦以泻之""肾苦燥，急食辛以润之""肝欲散，急食辛以散之，用辛补之，酸泻之""心欲软，急食咸以软之，用咸补之，甘泻之""脾欲缓，急食甘以缓之，用苦泻之，甘补之""肺欲收，急食酸以收之，用酸补之，辛泻之""肾欲坚，急食苦以坚之，用苦补之，咸泻之"（《素问·脏气法时论》）。又如"脾病者，宜食秔米饭、牛肉、枣、葵；心病者，宜食麦、羊肉、杏、薤；肾病者，宜食大豆、猪肉、栗、藿；肝病者，宜食麻、犬肉、李、韭；肺病者，宜食黄黍、鸡肉、桃、葱"（《灵枢·五味》）等。

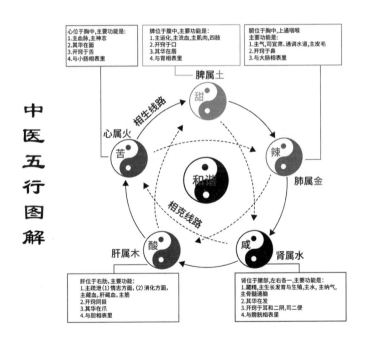

图 5-38　五行五味图解

以酒疗病在《黄帝内经》中也有记载，如"饮以美酒一杯，不能饮者灌

中国烹饪通史（第二卷）

之，立已"（《素问·缪刺论》）；"且饮美酒，美炙，不饮酒者，自强也，为之三拊而已"（《灵枢·经筋》）。酒还可配制多种药酒，如《素问·腹中论》以"鸡矢醴"治疗藏胀，《素问·玉版论要》以"醪酒"主治面部色深病重者"百日已"，以及《灵枢·九针论》的"醪药"等。

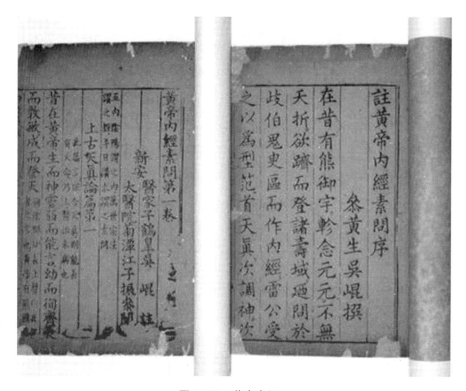

图 5-39　黄帝内经

52

第七节 大一统时代的中国烹饪技术体系

在经历了春秋战国的礼崩乐坏之后，承袭了秦代大一统政治局面的西汉完成了从休养生息到经济发达、国力强盛的转变。中国烹饪也在这样的背景下，在政治、经济各方面的作用下，通过继承、交流、融和，实现了技术体系的重构和提升，在历史上首次形成对域内社会各个阶层的全面服务。

一、专业门类

专业门类是指在中国烹饪体系内逐步形成的，独立或相对独立的各个专业领域。

1. 官厨

官厨是供职于皇室、宫廷、驿站、其他政府机构和在官员家中专业从事烹饪活动的人员。但到目前为止，尚无关于秦与西汉期间官厨情况的明确记载。《汉书·百官公卿表》中掌管宫廷后勤的长官为少府，其官属有"汤官"一职。汤是热水、沸水，汤官当是专司宫廷汤池、沐浴的，与烹饪之羹汤并无关联。但秦承周制，在食制方面只有超越，断无缺失。西汉早期虽节衣缩食、休养生息，但食制、官厨不会取消。汉武帝以后，国力强盛，宫廷服务、王侯宗亲、州府郡县、内政外交，官厨的大量存在是毋庸置疑的。

2. 医疗

食医、疾医、疡医是周代宫廷烹饪服务体系中的组成部分。西汉时期，食医仍旧是烹饪技术体系中的一个专业，担负着营养、保健工作。甘肃武威出土的西汉医简中的诸多药方都是由食物组成，马王堆三号汉墓出土的《五十二病方》帛书中，四分之一的方剂由食物组成。

3. 酿造业

酿造包括酒、浆、醯、醢、菹、酱、豉，除酒类酿造官营和菹、醢等少量产品由厨房自行酿造之外，多数产品由专业商家制作。《史记·货殖列传》载：酿造专业的商人"卖浆，小业也，而张氏千万""糵麴盐豉千答"，规模相当大。

4. 屠宰业

在官厨的领域中，屠宰仍旧是技术的分工。在社会上，除家禽多由厨师自行宰杀外，家畜屠宰已经是独立的专业门类。《史记·樊哙列传》载："舞阳侯樊哙者，沛人也，以屠狗为事。"张守节正义："时人食狗，亦与羊豕同，故哙专屠以卖之。"

5. 原料加工业

原料加工包括粮食的加工磨制、植物油的磨制、原料的干制、腌制等半成品的加工。植物油的磨制以胡麻油为代表，但尚无西汉时期有关磨坊的记载。西汉中山靖王墓曾出土石磨一盘，并有拉磨牲畜的遗骸，说明西汉磨制技术的存在。脯类的加工则有相当的规模，《史记·货殖列传》载："胃脯，简微耳，浊氏连骑。"可见一斑。

6. 饮食业

饮食行业分为三类，一类是在固定场所或流动出售饮食产品，无现场加工和服务，如酒肆、摊贩；一类是在固定场所现场加工并出售，不提供服务，如饼店；一类是在固定场所完成食品的加工、出售、并提供消费服务，如酒家。

二、技术工种

现无资料记载西汉官厨系列内的技术工种，饮食业之外的其他技术门类也无记述，故只将饮食业的部分工种罗列如下。

1. 膳夫

厨政管理者，系周代之名，西汉何谓不详。

2. 食医

负责营养保健、菜品、食疗方剂设计。

3. 司灶

主管炉灶、负责菜肴、面点的加热成熟环节。西汉何谓不详。

4. 案俎

负责案俎之上菜肴、面点的加工、切配、调味环节。西汉何谓不详。

5. 保庸

或应称保饔，负责酒肆、酒家内的粗加工和清洗等杂役。《史记·司马相如传》载：司马相如"著犊鼻裈，与保庸杂作"。

6. 当垆

负责饮食产品的售卖，胡人酒家的胡姬还提供歌舞服务。"胡姬年十五，春日独当垆"（汉辛延年《羽林郎》）。

7. 洒削

专司磨制刀具。西汉铁器始兴，铁刀的开刃、锋利有相当的技术难度，故有此工。《史记·货殖列传》载："洒削，薄技也，而郅氏鼎食。"

三、烹饪技法

铁制炊器和高台灶的出现以及胡食的影响，中国烹饪技法出现诸多发展、变化，灶、案分工，使刀工技术和控火技术得以发展，更精细的切配和不同火候也催生出原有技法的衍生、演变，产生了不少优秀的品种。胡麻、胡椒、胡荽、胡葱、胡蒜的引进为中国烹饪的调味技术开创了全新的领域。

西汉常用的烹饪技法有以下几种。

1. 蒸

传统的三足甗蒸受制于鬲和釜的直径，难以大规模地应用。铁制炊器广泛使用后，配合高台灶，釜的直径最长可达一米以上，甑的形制随之扩大。釜甑结合的蒸，使面食和菜肴的蒸制都进入了全新的发展阶段。

2. 煮（濯、胹、熬）

这种广义的水熟法由于用不同的容器，以不同的时间煮熟原料而衍生出濯、胹、熬等。其中以濯用时最短，濯是将片、条状的原料投入沸水锅中快速成熟的方法。在长沙马王堆一号汉墓出土的遣策上，记有"牛濯胃""牛濯舌""牛濯心""牛濯肺""濯豚""濯鸡"等菜名。

熬则用时最长，以汤汁基本收干为标准。西汉的熬区别于周八珍的熬，八珍之熬实乃制脯之法。

3. 濡

濡是以铜染炉为炊具的一种煮法，属于炊食共器的遗存。

4. 烩

烩属复合技法，是将先经过煎、炸等法处理过的半成品进行煮制。

5. 炙、燔

炙和燔同为火熟法，西汉的炙是将形制较小的原料穿之以炙炉加炭火成熟。马堆汉墓遣策所记炙菜有以下品种。

牛炙：马王堆一号汉墓竹简三十八："牛炙一笥"。

牛劦炙：马王堆一号汉墓竹简三十九："牛劦炙一笥"。

牛乘炙：马王堆一号汉墓竹简四十："牛乘炙一器"。

犬其劦炙：马王堆一号汉墓竹简四十一："犬其劦炙一器"。

犬肝炙：马王堆一号汉墓竹简四十二："犬肝炙一器"。

豕炙：马王堆一号汉墓竹简四十三："豕炙一笥"。

鹿炙：马王堆一号汉墓竹简四十四："鹿炙一笥"。

炙鸡：马王堆一号汉墓竹简四十五："炙鸡一笥"。这几种炙菜看缺少制法的详细记述，是令人遗憾的。但是，从中仍然可以看出，在汉代早期，楚地上流社会已流行炙类菜，且能用多种动物原料以及同一种原料的不同部位制出许多种烧烤菜肴来。

所谓貊炙实为烤法，燔则以大块原料用明火燔炙而成，燔之法在战国时已经式微，胡风东渐后再兴。

6. 烤（炮）

烤和炮原本都是以明火成熟之法，胡饼之法引入后，烤法以炉烤之法为主，炮成为主要的明火烧烤法，貊炙是整体烤制之法，烤熟之后，由食者各自用刀割食。按《搜神记》中的记述，此法从汉武帝太始年间（公元前 96—前 93 年）便极为流行。

7. 煎

植物油的出现使油熟法的应用增加，但目前未发现西汉铁制煎锅的物证。

8. 炸

动物油脂和植物油的大量使用，不但使油炸类食品增多，也使许多原料经过油滑后再行烹制。

9. 烙

陶烙仍旧存在，铁器烙制导热更快，但目前未有西汉铁鏊的记载和物证。

10. 脍

被广泛应用于动物性原料，马王堆汉墓遣册中就有牛脍、羊脍、鹿脍、鱼脍的记载。

11. 腌

盐腌、酱腌之盐熟法制作了大量的菹、菹、鲊类菜肴和豆豉、盐梅、醢等调味品。

12. 腊

盐腌后风干之法，多用于制作动物性原料。

四、品种与筵席

西汉饮食品种甚多，有文字记载的见于西汉的《盐铁论》、枚乘的《七发》和西汉马王堆汉墓的遣册。

《盐铁论·散不足》载："古者，燔黍食稗，而捭豚以相飨。其后，乡人饮酒，老者重豆，少者立食，一酱一肉，旅饮而已。及其后，宾婚相召，则豆羹白饭，綦脍熟肉。今民间酒食，肴旅重叠，燔炙满案，臑鳖脍鲤，麑卵鹑鷃橙枸，鲐鳢醢醢，众物杂味。今熟食遍列，肴旅成市，作业堕怠，食必趣时，杨豚韭卵，狗鞭马朘，煎鱼切肝，羊淹鸡寒，桐马酪酒，蹇捕胃脯，胹羔豆赐，毂膹雁羹，臭鲍甘瓠，熟梁貊炙。"

枚乘的《七发》载："客曰：'犓牛之腴，菜以笋蒲。肥狗之和，冒以山肤。楚苗之食，安胡之飰，抟之不解，一啜而散。于是使伊尹煎熬，易牙调和。熊蹯之臑，芍药之酱。薄耆之炙，鲜鲤之鲙。秋黄之苏，白露之茹。兰英之酒，酌以涤口。山梁之餐，豢豹之胎。小餍大歡，如汤沃雪。此亦天下之至美也，太子能强起尝之乎？'"

长沙马王堆汉墓遣册记载的部分品种：牛濯胃、牛濯舌、牛濯心、牛濯肺、濯豚、濯鸡、牛脍、羊脍、鹿脍、鱼脍、牛炙、牛肋炙、牛乘炙、犬炙、犬肝炙、豕炙、鹿炙、炙鸡、牛首羹、牛白羹、羊羹、豕羹、豚羹、狗羹、凫羹、雉羹、鸡羹、鹿肉鲍鱼笋白羹、鹿肉芋白羹、小菽鹿白羹、鸡白羹、鲫白羹、牛苦羹、狗苦羹、牛逢羹、豕逢羹、犬肩、牛载、熬豚、熬兔、熬鸡、熬雁、羊腊、腊兔等。

从上述记载可以看出，西汉时期的菜肴以脍、炙、羹、濯、熬为主要类别。谷物制品主要是蒸饭，未见饼类，胡饼虽已进入中国，尚未能动摇饭之地位。从技术角度上看，诸多菜肴的组合搭配都相当优秀，《七发》虽属文学作品，但所云天下之至美当非虚言。牛腹与蒲笋相配，一软糯、一脆嫩，口感相当出色，狗肉和羹之醇厚与山菌的鲜嫩相伴有异曲同工之妙。"抟之不解，一啜而散"的蒸饭有很高的技术水准。炙肉配紫苏、白菊佐脍鲤，其色、其味均佳。兰英之酒是调制酒首见记载。"小餍大歡"的一饭一羹的组合，饭白羹清，也确有"如汤沃雪"的效果。

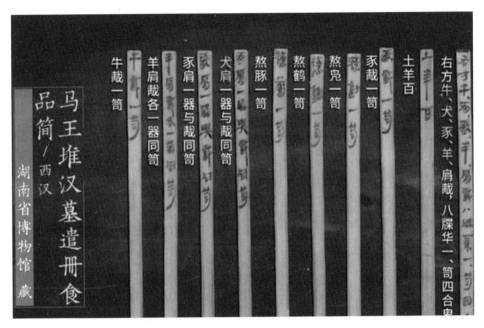

图 5-40 马王堆汉墓遣册图

西汉筵席的状况尚无翔实的记载，"汉律，三人以上无故群饮酒，罚金四两"（《汉书·文帝纪》）。这是休养生息的文帝时代的禁令，但汉武帝以后，国力强盛，民间可能弛禁，尤其是在胡姬酒家，完全可能有民间筵席的存在，惜无记载。至于皇室、官筵，仅有楚汉相争之时鸿门宴的记载。据《史记·项羽本纪》载："项王即日因留沛公与饮。项王、项伯东向坐，亚父南向坐，——亚父者，范增也；沛公北向坐；张良西向侍。"这个记载大概是关于筵席座次的最早记载。我们由此得知，秦汉之际，筵席座次是主人坐西向东、坐北向南，客人则反之，坐东向西、坐南向北。

现存于河南洛阳古墓博物馆的《鸿门宴图》是西汉佚名创作的壁画，此壁画出土于河南洛阳老城西北 61 号墓内。该画以神兽为中心，最右一人身着紫色短衣，下穿赭石色长裤，左手执长叉，右手抚头顶，做向前倾斜状，瞪目看前一人烤肉。第二人盘膝坐于炉前烤肉，其上方绘有起伏的绿色和紫色的山

峦，山峦之上悬挂着牛肉和牛头。火炉左边绘二人席地而坐，相向对饮。据
称：右侧着紫衣肥壮者，右手举角形杯做饮酒状者是项羽；左侧着赭衣，面向
右而躯体后缩者为刘邦。靠近刘邦、面左拱手而立者，是有意掩护刘邦的项
伯。第七人拱手而立，面有忧色，头戴黑色巾帻，着紫长衣，腰挂宝剑，此人
当是张良。第八人年纪较大，怒视右方，着赭衣白裤，双手拥戟者为范增。

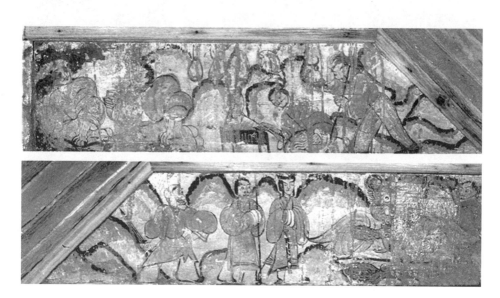

图 5-41　洛阳汉墓鸿门宴图

本章结语

毛泽东主席曾说："百代都行秦政法"，虽然秦代统一短暂，但西汉完整地继承了秦的疆域和制度。生产关系的持续变革、与民休息政策的推行、冶铁业的发展，极大地促进了社会生产力的进步，种植业、养殖业、手工业都达到了空前的高度。虽然有重农抑商的政策在，但京师和各个地区中心城市的繁荣、交通的便捷、西域的开通，成为西汉商业经济繁盛的条件。也正是在这个基础上，社会饮食业日益兴盛。

统一的社会、统一的政治势必造就一个统一的、开放的中国烹饪体系。胡食的进入带来了新的原料和技术，铁器的制造改变了灶台和炊器，丰富的原料供应、旺盛的市场需求，使中国烹饪的技术得到拓展、细化、提升，从而提供了远超前代的更高质量、更为丰富的产品系列。这些进步与变革，为后世提供了一个在新的社会条件下中国烹饪发展的框架和平台。

第六章　东汉（三国）

（公元 23—219 年）

第一节　中原政治中心的重建及三国的割据

公元8年，外戚王莽自立为帝，改国号为新，史称新莽政权。王莽改制，言必称三代，事必据周礼，推行"王田""私属"制（土地国有、奴婢私有，均不得买卖）、五均六管和币制改革，意欲控制行市、稳定物价，打击土地兼并，改变赋役人口大量减少的社会难题，但这些措施触动了朝野豪强地主的利益，统治阶级内部矛盾升级，百姓受到的盘剥更为严重。在民族关系处理上，王莽的政策引发了周边少数民族的不满，不仅丧失了西域控制权，也招致战事不断。更使得民穷财尽，物价飞涨，百姓无路可走，只得揭竿而起，爆发了大大小小的农民起义，与刘姓皇族和贵族地主的反莽行动相互交织，造成新莽政权内外交困。在接连不断的农民起义中，绿林军和赤眉军最为突出，他们和王莽军队展开殊死战斗，先后有成昌之战和昆阳大捷，基本消灭王莽军队主力。在这个过程中，西汉皇族、南阳人刘寅、刘秀兄弟逐渐掌握了起义军的领导权，后又击溃收编其他起义军。公元25年，刘秀自立为皇帝，沿用汉的国号，定都洛阳，史称东汉。

东汉建立后，重申无为而治、与民休息的政策，采取积极措施缓解社会矛盾，促进社会秩序恢复。招抚流民回归农耕，广开军士屯田（"隶之尺籍，悉令屯田，以军法制其横，自耕养其众”）[①]，公元26年至公元38年十二年间，九次下诏释放奴婢，轻刑减罚，释放囚徒以增加劳动力；下令军队复员，减轻赋役；下令度田以增加政府收入等。政治上，光武帝刘秀对于功臣宿将和宗室赐以爵禄，却不允参政。强化中央集权，使东汉初年残破的社会经济得以快速恢复，社会秩序逐渐回归正常。政治机构上，“虽置三公，事归台阁”[②]，提高尚书台和六曹的权力和地位，扩大刺史的权力监察地方官员。刘秀统治时期政治清明、经济势头良好，社会文化走向繁荣，中原地区再度成为统治中心，史称“光武中兴”。

光武帝死后，汉明帝刘庄、汉章帝刘炟与汉和帝刘肇（公元58—104年）都延续了刘秀的政策，社会生产继续发展，吏治比较清明、境内相对安定，中央集权进一步加强，从而使东汉一步步走向兴盛。史载“是时天下安平，人无徭役，岁比登稔，百姓殷富”[③]，人口增殖迅速，光武帝末年全国在籍人口为2100多万，至汉章帝末年人口已达4300多万，到和帝元兴元年（公元105年）时，耕地面积达732.17万顷，人口达5325.62万[④]，此即“明章之治”和“永元之隆”。汉明帝在位时，征伐北匈奴，兵进天山，重设西域都护府和戊己校尉，遂“西域自绝六十五载，乃复通焉”[⑤]。汉明帝永平十二年（公元69年）哀牢内附，设永昌郡，初步确立了中央对云南地区的统治。

但自汉章帝时期，开始重用外戚。汉和帝刘肇即位后窦太后临朝称制，窦宪等得势，成为窦氏集团。汉和帝成年后扫灭窦氏外戚势力，亲政后，勤于政事，颇有盛名。汉殇帝刘隆即位（时刚满百天），邓太后临朝，其兄邓骘及其党羽把持朝政。汉殇帝一岁即夭折，邓氏拥立汉安帝刘祜。汉安帝亲政后灭邓氏，而阎氏外戚专权。汉安帝在位19年死，外戚阎氏拥立刘懿，刘懿在位

① 〔元〕郝经．续后汉书［M］．北京：商务印书馆，1936.
② 〔南朝宋〕范晔．后汉书［M］．北京：中华书局，2007.
③ 〔东汉〕刘珍．东观汉记［M］．北京：中华书局，2016.
④ 〔汉〕刘向．列仙传［M］．钱卫语，释．北京：学苑出版社，1998.
⑤ 〔汉〕刘向．列仙传［M］．钱卫语，释．北京：学苑出版社，1998.

200 余日病死，阎氏外戚被宦官剿灭。宦官立汉顺帝刘保，外戚梁冀专权 20
余年，完全掌控汉冲帝（刘炳）、汉质帝（刘缵），甚至因为汉质帝童言无忌
称梁冀为跋扈将军而将其毒杀。随后，汉桓帝刘志即位（公元 146 年）。公元
159 年，汉桓帝诛灭梁氏，将宦官 13 人封侯，宦官开始掌权。宦官为祸，引
发外戚与士大夫联合反对，汉桓帝却偏袒宦官，两次下达禁锢令，这就是党锢
之祸。桓帝死后，灵帝（刘宏）即位，不务政事，朝政全赖宦官。至此，外
戚与宦官交替掌权，加上土地兼并和豪强地主势力强悍造成的阶级对立和社会
分化，东汉王朝已经日薄西山、江河日下。

　　汉桓帝和汉灵帝时期，宦官外戚明争暗斗不息，国势日趋疲弱。而边患不
断，赋役激增。巨鹿人张角创立了太平道，以"苍天已死，黄天当立，岁在甲
子，天下大吉"为号。公元 184 年，张角率领贫苦农民揭竿而起，是为黄巾军
起义。黄巾军在东汉统治的腹心地带中原地区起义，严重动摇了东汉政府的统
治基础。统治阶层不得已宣布解除党锢，由各地方拥兵平叛。结果是，黄巾军
虽平，但群雄并起，军阀割据、混战，为祸社稷，无法逆转，东汉政权已经名
存实亡，最终导致三国局面的形成。

　　公元 189 年，汉灵帝去世，汉少帝刘辩即位，何太后临朝，外戚何进晋升
大将军，掌控朝权，欲铲除宦官。宦官先行兵变，杀死何进。袁绍率军攻入皇
宫，屠灭了宦官。西北军阀董卓率军兵临洛阳，废汉少帝刘辩，立陈留王刘协
为皇帝（汉献帝），控制了中央政府。关东诸侯推举袁绍为盟主，组成联军讨
伐董卓。讨董失败后，董卓于初平元年（公元 190 年）2 月，挟汉献帝迁都长
安，纵火焚毁洛阳。公元 192 年，司徒王允用计谋杀董卓，董卓部将李傕、郭
汜又杀王允。公元 195 年，李傕、郭汜内斗，汉献帝刘协和群臣趁机返回洛
阳。曹操率兵将汉献帝迎至许昌，"挟天子以令诸侯"，逐渐掌握朝政。

　　曹操多年征战，灭吕布、袁术，招降宛城张绣、逐走刘备，控制了兖州、
豫州、徐州、司州。公元 200 年的官渡之战，曹操击溃北方最强大的割据势力
袁绍。公元 207 年的白狼山之战，斩杀蹋顿单于，大破乌桓，平定辽东，消灭

袁绍残余势力，完成了北方的统一 。次年，曹操南下荆州，兵锋指向江东孙权。孙刘联军以少胜多，赤壁之战大败曹军。曹操退回北方，大举屯田，苦心经营，促使黄河流域经济逐渐恢复并有所发展。建安十五年（公元210年），曹操击破关中马超、韩遂等割据力量，并最终消灭了韩遂、宋建等势力，据有凉州。

延康元年（公元220年）冬，曹丕篡汉称帝，建都洛阳，国号"魏"，史称"曹魏"。黄初二年（公元221年），刘备于成都称帝，国号"汉"，史称"蜀汉"或"季汉"，以别于西汉、东汉。当年，魏文帝曹丕封孙权为吴王，公元229年，孙权在武昌（今湖北鄂城）称帝（后迁都建业），国号"吴"，年号黄龙，史称"东吴"。自此，三国鼎立局面正式形成。

正始十年（公元249年），曹魏发生了高平陵之变，司马氏控制了曹魏政权。炎兴元年（公元263年），司马昭派钟会、邓艾、诸葛绪三路伐蜀。邓艾走阴平道取涪城，抵成都城下，刘禅投降，蜀汉亡。泰始元年（公元265年），曹魏皇帝曹奂将帝位禅让给司马昭之子司马炎，晋朝建立，史称"西晋"，定都洛阳。太康元年（公元280年），晋武帝司马炎兴兵南征，孙皓投降，东吴灭亡，三国时代结束。

第二节　中南部经济的恢复和发展

东汉定都洛阳，政治中心位移势必促进中原地区的经济发展。东汉和帝永元元年（公元 89 年），全国垦田数达到了 7320170 顷 80 亩 140 步①。

这其中最值得关注的就是豪强地主的田庄。光武帝刘秀建立政权后，功臣勋戚不能参与政事，却获得了拥有大量田产的特权，于是拥有独特政治地位、经济主权，甚至军事特权的豪强大地主田庄经济广泛建立起来，并在东汉经济中占有相当大的比重。然而，大地主田庄荫蔽的人口无须承担朝廷贡赋，田庄也在官方赋税范围之外，几乎成为法外之地。但对于东汉整体社会经济来说，也是经济发展的一个方面。

豪强地主田庄主要集中在东汉疆域的中部地区，反映出当时较高的生产技术水平。胡阳（在今河南省唐河县）豪强樊宏"开广田土三百余顷"②，"广起庐舍，高楼连阁，池陂灌注，竹木成林，六畜放牧，鱼赢梨果，檀棘桑麻，闭门成市，兵弩器械，贸至百万，其兴工造作，为无穷之巧不可言，富以封君"③，堪称琳琅满目，农工商贸无所不有。在东汉的考古资料中，陶风车、陶水井、短辕一牛挽犁画像石、曲柄石刻、水利灌溉模型等在东汉豪强地主的墓中都有出土，说明地主田庄具有兴修水利、制造推广新农具、实施耕作新技术等的能力④。

曹操主政后的建安元年（公元 196 年），在许下先试行屯田。将无主农田、新开垦的农田，分别交与士兵和流民耕种，分别称为军屯和民屯。公元197 年，曹操下令"州郡例置田官"⑤，把民屯推广到其他地区，使其"秋冬习战阵，春夏修田桑"⑥。军屯的基本单位是 60 人为一营，淮河南北的军屯，"十二分休，常有四万人且耕且守"⑦。屯田令的效果仍然非常显著，仅许下一

①　朱绍侯. 中国古代史（上册）[M]. 福州：福建人民出版社，2000.
②　[南朝宋] 范晔. 后汉书·卷三二·樊宏传 [M]. 北京：中华书局，2007.
③　[北魏] 郦道元. 水经注·卷二九·淝水注 [M]. 上海：上海古籍出版社，1990.
④　朱绍侯. 中国古代史（上册）[M]. 福州：福建人民出版社，2000.
⑤　[西晋] 陈寿. 三国志·魏书·武帝纪 [M]. 北京：中华书局，2012.
⑥　[唐] 房玄龄. 晋书·安平献王孚传 [M]. 北京：中华书局，1974.
⑦　[唐] 杜佑. 通典·卷二. 屯田 [M]. 北京：中华书局，2016.

地就得谷百余万斛①，史载"数年中所在积粟，仓禀皆满"②。

曹魏政权还十分注意兴修水利工程，如合肥一带的芍陂、茹陂、七门、吴塘诸堰，淮颍地区的淮阳、百尺二渠，关中的成国渠、临晋陂，河北的戾陵遏、车箱渠，都是当时有名的水利工程，少则灌田千余顷、数千顷，多则达万余顷、数万顷。各地生产基本得以恢复，甚至略有发展，史称"关中丰实"、扬州"公私有蓄"、京兆"丰沃"，"编户皆有车牛"，沛郡"比年大收，顷亩岁增"，凉州"家家丰足"，仓库盈溢③，"农官兵田，鸡犬之声，阡陌相展"④。曹丕时洛阳还是"树木成林"，曹芳执政时，"其民异方杂居，多豪门大族，商贸胡貊，天下四方会利之所聚"，初步恢复繁荣。

秦及西汉，富力集于关中⑤。从西汉末年到东汉、三国期间，由于有大量人口以中原为中心向东南、西南迁徙，并带去了先进的生产技术和经验，从而加速了这些地区的开发。西汉时，长安附近的三辅（京兆、左冯翊、右扶风），人口稠密达240多万。到东汉时，关中战乱频仍、日趋残破，人口锐减至50余万，经济趋于衰退。相反，南方诸州人口都有不同程度的增长。扬州人口从320多万增到430多万，荆州人口从350多万增到620多万，益州人口也从470多万增到720多万⑥。随着人口移入、增加，各地开发速度加快。江南经济水平最高的地区，是太湖沿岸和钱塘江以东的三吴地区。永兴（今浙江萧山境）精耕细作的稻田，一亩可产米三斛⑦，达到了较高的生产水平。江南虽产丝量大，但技术不高，织锦仰仗蜀国。为解决这个问题，永安六年（公元263年），吴国从外地调发"手工"千余人到建业服役⑧，也采取了屯田的政

① 〔东汉〕班固. 汉书［M］. 颜师古，注. 上海：上海古籍出版社，2003.

② 〔西晋〕陈寿. 三国志［M］. 北京：中华书局，2012.

③ 〔唐〕房玄龄等. 晋书［M］. 北京：中华书局，1974.

④ 〔唐〕房玄龄等. 晋书［M］. 北京：中华书局，1974.

⑤ 李剑农. 中国古代经济史稿［M］. 武汉：武汉大学出版社，2006.

⑥ 朱绍侯. 中国古代史（上册）［M］. 福州：福建人民出版社，2000.

⑦ 〔晋〕陈寿. 三国志［M］. 北京：中华书局，2012.

⑧ 翦伯赞. 中国史纲要［M］. 北京：北京大学出版社，2006.

策，与水利开发并举。如在太湖建东南海塘、修太湖东缘湖堤、开凿塘河、整治江南运河，在丹阳屯田区建圩田等，奠定了江南农业和水利发展的基础，对江南经济进一步发展的作用，不容低估①。

图 6-1（1）　东汉庄园图

①　朱绍侯 . 中国古代史（上册）［M］. 福州：福建人民出版社，2000.

图 6-1（2） 东汉庄园图

图 6-1（3） 东汉庄园图

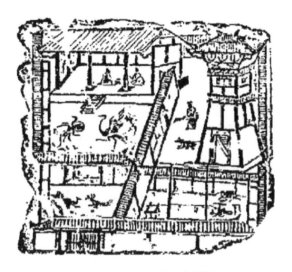

图 6-1（4）　东汉庄园图

第三节　种植业、养殖业、手工业的进步

东汉立国，仍旧坚持重农抑商、轻徭薄赋。《后汉书·循吏传》载："光武长于民间，颇达情伪，见稼穑艰难，百姓病害。至天下已定，务用安静。解王莽之繁密，还汉世之轻法。"《后汉书·和帝纪论》载："自中兴以后，逮于永元，虽颇有弛张，而俱存不扰。"光武帝至汉和帝间（公元 25—104 年），东汉政策虽有所变化，但仍是致力于安定社会、发展生产。

一、种植业的进步

从东汉到三国期间，农业生产基本处于不断进步的状态中。东汉政府及割据政权修治农田水利、兴建陂池，为农业生产增强了抵御自然灾害的能力。东汉明帝时，水利专家王景和将作谒者王吴主持修复浚仪渠（在河南开封），用堰流法控制水势，消除了水患。后来两人又合作修治黄河、汴渠。渔阳太守张堪在狐奴（今北京顺义）引水溉田，新辟稻田八千余顷。山阳太守秦彭，也主持开辟稻田数千顷。汲县令崔瑗治下新辟稻田数百顷。什邡（四川）令杨仁，垦田达千余顷。汝南太守邓晨命都水椽许杨主持修复已湮废的西汉鸿隙陂，后任汝南太守鲍昱用石闸蓄水，增加了灌溉面积，人以殷富①。汝南太守何敞又修治铜阳旧渠，开垦良田竟至三万多顷。会稽太守马臻在会稽、山阴两县修镜湖（又称鉴湖），大堤长达 350 里，灌溉农田有九千多顷。此外，修复或新建的水利工程遍及南阳、庐江、下邳、广陵、三河、三辅、太原、上党、赵、魏、河西等地。

东汉铁制农具的使用进一步扩大，犁铧的使用已较西汉普遍。东汉耕犁的结构比西汉也有了改进，如江苏睢宁双沟东汉画像石牛耕图中的犁箭，配备有活动的木楔；陕西米脂出土的东汉画像石牛耕图中，装在犁床之上另一部件的前端与犁箭交叉，居然可以上下移动，用于控制深浅。两处牛耕图也表现出，当时已用牛环牛辔导牛，因而可由一人扶犁驱牛，超越了《汉书·食货志》中所说的"用耦耕，二牛三人"的阶段，达到一个新高度②。东汉时期耕作技术又有提高，精耕细作的经营方法得到推广。崔寔在《四民月令》中，记述了地主田庄内精耕细作经营农业的一些情况，其十分注意时令节气，重视除草施肥，根据土壤的不同性质，种植不同的作物，采用不同的种植密度，及时翻土晒田，进行双季轮作和套种等，提高了土地的利用率。当时甚至已经开始在丘陵陂地上修治梯田（四川彭县出土的东汉陶田模型堪为证据）。

东汉时期粮食产量普遍增加。汉章帝时张禹在徐县垦田四千余顷，得谷百

① 〔南朝宋〕范晔．后汉书［M］．北京：中华书局，2007.
② 晁福林．中国古代史（上）［M］．北京：北京师范大学出版社，1993.

万余斛，则亩产量约为三斛①。东汉末年仲长统也提到当时亩产量平均在三斛左右。东汉的谷物品类有黍、禾、大麦、小麦、麻、稻、大豆、小豆、稗、糜、粱、芋、菰米、荞麦、青稞、甘薯等，其中对大豆的重视超越前朝。《氾胜之书》就认为："大豆保岁易为，宜古之所以备凶年也。谨计家口数种大豆，率人五亩。此田之本也。"

图 6-2　东汉牛耕图

---

①〔东汉〕刘珍. 东观汉记［M］. 北京：中华书局，2016.

图 6-3　东汉陶谷仓

图 6-4　东汉农耕图

在蔬菜种植方面也有发展。据《氾胜之书》《四民月令》《南都赋》等所载，蔬菜的主要品种有：葵、韭、瓜、瓠、芫荽、芜菁、芥、大葱、小葱、胡葱、小蒜、杂蒜、苏、薤、荷、豍豆、胡豆、芋、苜蓿、笋、蒲、芸、胡蒜、姜、藕、茶、花椒、黄瓜、菠菜、木耳、蘑菇等，其中有不少"冬韭温葵"（《盐铁论》）类的温室栽培蔬菜。《后汉书》载："（和帝）元年春正月甲寅，诏曰：凡供荐新味，多非其节，或郁养强熟，或穿掘萌芽，味无所至，而夭折生长，岂所以顺时育物乎？传曰：非其时不食，自当奉祠陵庙及给御者，皆须时乃上。"

在果类品种上有：桃、梨、李、梅、柰、杏、柿、柑橘、荔枝、龙眼、橙、枇杷、杨梅、樱桃、枣、甘蔗、香蕉、柚子、椰子、石榴、葡萄、胡桃。

二、养殖业的状况

东汉、三国的养殖业依旧受到政府的重视。家畜、家禽有马、猪、羊、犬、牛、兔、鸡、鸭、鹅、鸽等，其中以猪、羊、鸡为最多。但东汉马的养殖较前代为多，应该是当时战争的需求所造成的。刘秀于战乱中立国，此后平定匈奴、再此后的三国纷争，对战马的需求远超于农业和其他畜力需求。水产类有鲋、鲤、鲐、鳅、鳟、虾、鳖、龟等。在水产养殖方面，稻鱼共生成为特点。稻鱼共生有两种情况，一是稻田常年蓄水而生鱼，二是利用稻田之水放养鱼。这两种情况的前提都是稻田必须是水田。曹操的《四时食制》载："郫县子鱼，黄鳞赤尾，出稻田，可以为酱。"

图 6-5　东汉陶猪圈

图 6-6　东汉陶猪

三、手工业的成就

东汉时期，从手工业规模上看，官营规模相对缩小，民营手工业相对发达。地方郡国的官府手工业也大为萎缩，如郡国主持盐铁的制作和专卖的盐铁官自和帝后完全转为民营。官营手工业仅征调少量工匠和官奴婢，大量使用刑徒。目前考古发掘东汉都城洛阳南郊 500 多座墓地，据刻有狱名、刑名、姓名、死日等内容的铭传记载，所葬多为判刑 4~5 年、死于和、安帝之际的青壮年刑徒，且戴有刑具。民营手工业经营者一般由官僚、富豪、地主充任，也有个体手工业者。劳动者或为私奴婢、佣工，或为依附农民。

东汉手工业延续了西汉的成果，并在技术上有较大的提升。东汉初，南阳地区的冶铁工人发明了水力鼓风炉（水排），利用河水冲力转动机械，使鼓风皮囊张缩，不断给高炉加氧，"用力少，见功多，百姓便之"①。水力鼓风炉的发明，是冶炼技术上的一大进步。

图 6-7 东汉水排

---

① 〔南朝宋〕范晔. 后汉书［M］. 北京：中华书局，2007.

1. 制铁业

在铁器铸造方面，东汉时已熟练掌握了层叠铸造这一先进技术。1974 年 9 月，河南温县发现一座烘范窑，出土 500 多套铸造车马器零件的叠铸泥范。把若干泥范叠合起来，装配成套，一次就能铸造几个或几十个铸件，并由原来的双孔浇铸，改为单孔一次浇铸。叠铸技术的改进，进一步提高了生产效率，节省了原料。冶铁效率和铸造技术的提高，进一步促进了铁器的普遍使用。考古发掘资料证明，东汉时期铁制用具已普遍应用到日常生活的各个方面。铁钉、铁锅、铁刀、铁剪、铁灯等的大量出土，就是证据。

图 6-8　东汉铁制工具

2. 制陶业的进步与瓷器的逐步成熟

东汉时期的陶器种类繁多，产量极大，用以满足人们日常生产、生活的需要。长安等大城市有官营的成片陶窑，但以烧制砖瓦等建筑材料为主，贵族官僚的日用器皿多为漆器和铜器。民间陶窑众多，多烧制日常用具和砖瓦等。由于厚葬之风盛行，陶俑等各种陶制明器的生产十分兴旺。东汉瓷器有青釉瓷和黑釉瓷两种。在浙江上虞、宁波的东汉窑址中发现了青釉瓷和黑釉瓷，在湖北、江苏、安徽等地东汉墓中都出土过黑釉瓷。这表明当时釉料的配制方法已经熟练，施釉技术已由刷釉发展到浸釉，已经可以控制胎料和釉料配制、胎釉膨胀收缩，但其成品仍有陶器常见的弦纹、水波纹和贴印技术，说明仍具有一定的原始性。

到东汉晚期，终于在浙江地区烧制出成熟的青瓷器。青瓷是釉料中含有一定的铁的成分，高温（1250℃以上）烧成后釉色青绿或青黄的瓷器。据检测，浙江上虞小仙坛出土的东汉青瓷器的烧成温度已高达1310℃（±20℃），原料为高岭土，并经过了较为精细的淘洗和加工。从上虞的数十座东汉窑址看，已使用依山而建，长达10米以上的龙窑，一窑可烧造大批陶瓷，有利于降低成本。最初是陶与瓷同窑共烧，以后逐渐变为烧瓷为主，反映出此时青瓷生产已具规模，成为独立的生产单元。东汉晚期青瓷生产的成就，为后世瓷器手工业的发展奠定了基础。

图 6-9（1）　东汉青瓷

图 6-9（2）　东汉青瓷

图 6-9 (3)　东汉青瓷

3. 漆器制造

东汉的漆器制造，已非西汉的全盛时期。由于制作复杂、代价昂贵，漆器的使用主要还是在统治阶层范围内，特别是酒具、餐具之类。东汉时，漆器以蜀郡、广汉出产最为有名，两地工官主造的漆器，都是精美绝伦的手工艺品。当时朝廷常用以赏赐边郡的官吏和少数民族的首领，所以蜀郡和广汉郡工官所制漆器，都曾在贵州、内蒙古、新疆等地被发现。这些漆器的年代最早为西汉昭帝始元二年（公元前 85 年），最晚为东汉和帝永元十四年（公元 102 年）。西汉晚期、东汉早期漆器颜色以黑红两色为多见，黑色为底，红色为纹饰。漆器纹饰颜色较单调，并大量出现使用金、银、铜等金属薄片或者小的零部件镶嵌在漆器上作为装饰的情况。山东省文登市莱西先岱野村的东汉墓室内发现了许多漆器，保存得很完整。出土的各种盒类，造型多样。盒类都是夹胎骨，盒盖中心各镶有银片四叶形花纹。盒口边缘及底部都镶有较为精细的银钿，格外结实，黑漆地描绘云气纹，线条飘动柔美。东汉中期以后，由于政治的动乱，漆器的生产开始缓慢。三国时期的漆器以东吴为主，位于安徽省马鞍山雨山乡，三国时期东吴左大司马、右军师、当阳侯朱然的坟墓出土了一定数量的漆器，可以代表当时的漆器制作水平。

东汉末年，三国时期的各方在手工业方面各有特点。曹操采纳"盐铁之利，足赡军国之用"[1] 的建议，击败袁绍取得河北，立即任命王修为首任司金中郎将，专管冶铁事务。曹魏对制盐业十分重视：魏有海盐，河东解池盐，武威、酒泉池盐。曹魏尚书卫觊云："盐，国之大宝也。"嘉平四年，以五千人兴京兆，天水、南安盐池，以益军实。邓艾平蜀后，曾建言"留陇右兵二万人，蜀兵二万人，煮盐兴冶，为军农要用"[2]。曹魏在当时的情况下，承继汉武帝以来的盐铁专卖政策，由政府设官专管盐铁，保证了战争急需的武器以及恢复农业生产急需的农具、耕牛（如以盐之收入买牛、犁租给返回原籍关中的流民）。

图 6-10　朱然墓犀皮耳杯

① 〔西晋〕陈寿．三国志·卷十一·王修传［M］．北京：中华书局，2012.
② 〔西晋〕陈寿．三国志·卷二十一·卫觊传［M］．北京：中华书局，2012.

图 6-11　新疆尉犁出土东汉漆盒

　　蜀汉境内，物产丰富，盐铁行业兴盛已久。王连担任司盐校尉时，"较盐铁之利，利入甚多，有裨国用"。诸葛亮治蜀时，设锦官，专门管理蜀锦生产。成都"百室离房，机杼相和。贝锦斐成，濯色江波。黄润比筒，籯金所过"①，织锦业繁荣起来，不仅产量大，而且质量上乘，甚至吴、魏的锦都要由成都提供货源。

　　吴国手工业主要是官营形式，产业集中于冶铁、制瓷和造船业。吴国境内多矿产，铜矿和铁矿多集中在会稽（今绍兴）、丹阳（今南京）、豫章等。公元 225 年，孙权曾在武昌采铜铁以造千口剑、万口刀，该地区成为冶铸最发达的地区。浙江则是制瓷业的中心。吴国瓷器制作水平比汉代有明显的提高，胎质、釉色、纹饰以及烧制技术都臻于完善。吴国最发达的手工业是造船业，水

---

　　① 〔晋〕左思·蜀都赋.

平也最高。其有三大造船中心，即侯官（今福州）、临海（今浙江临海东）、番禺（今广州）。吴国可以建造上下五层容纳三千士兵的大船，故孙吴的航海业很发达，曾多次组织万人的大船队，北到辽东半岛、高句丽，南到海南岛、台湾等地。

第四节　主要城市的商业与社会饮食业

东汉包括三国割据时期的城市，以雒阳（洛阳）、南阳、许昌、建康、成都为主要代表。雒阳与南阳是两个较大的中心城市。临淄、邯郸也继续保持了繁荣。随着海上丝绸之路的形成和发展，番禺、徐闻（广东湛江徐闻县）、合浦（广西北海合浦县）也发展成为当时较为著名的城市。

一、主要城市及商业概况

1. 雒阳（洛阳）

东汉以雒阳为都城。据《续汉书·郡国志》注引《晋元康地道记》："城内南北九里七十步，东西六里十步"，俗称"九六城"。雒阳城有十二门，东墙三门、南墙四门、西墙三门、北墙二门。据考古实地调查，雒阳城东城垣残长 3895 米，西城垣残长 4290 米，北城垣残长 3700 米，南城垣已被洛水冲毁。整个城址成不规则长方形，与文献中"九六城"的记载基本相符。城内有南宫和北宫，共建 24 条街道，联系南、北宫。在南、北宫之间建闾里，闾里以街道划分，每里都有围墙，封闭式管理，里中人家不许临街开门。里门有专人负责管理，每晚锁闭。崔寔的《政论》记载，汉安帝曾下令："钟鸣漏尽洛阳城中不得有行者。"宦官蹇硕的叔父蹇图违反禁令，夜行于大街之上，被当时担任洛阳北部尉的曹操用五色棒乱棍打死。见于文献记载洛阳的里有：上商里、延熹里、永和里、步广里。雒阳城内外，还修建了不少苑囿和池沼，如上林苑、芳林苑、西苑、鸿德苑……濯龙池、灵芝池、御龙池等，乃游乐之处。东汉末献帝初平元年（公元 190 年），董卓之乱，迫献帝西迁长安，"尽徙洛阳人数百万口于长安"，洛阳遭受战火，被严重破坏，"悉烧宫庙官府居家，二百里内无复孑遗"。三国时魏改雒阳为洛阳，并建都于此。曹魏在东汉洛阳基础上重建都城，其规模未超过东汉。

东汉雒阳城有着严格的市坊界限，所有的商业活动，都要在市里进行。市有围墙，开有若干个门，在市内修建有房屋，以供人们进行贸易。雒阳城有三处市场，金市在城北，马市在东门外，南市在大城以南。雒阳城内商业十分繁荣。王符《潜夫论》说雒阳城内"资末业者，什于农夫；虚伪游手，什于末业"，"举俗舍本农，趋商贾，牛马车舆，填塞道路，游手为巧，充盈都邑"。仲长统《昌言·理乱篇》说：当时雒阳"船车贾贩，周于四方；废居积储，满于都城。琦赂宝货，巨室不能容；马牛羊豕，山谷不能受"。作为丝绸之路的东方起点，洛阳还吸引了大量的西域胡商和其他地区的商人。张衡《东京赋》中曾经说过："北燮丁令（贝加尔湖一带的敕勒族），南谐越裳（我国西南方及相连域外的民族）。西包大秦（罗马帝国），东过乐浪（朝鲜半岛），重舌之人九译（多重辗转翻译），金稽首而来王。"

2. 南阳

"陪京之南、汉水之阳"（《南都赋》张衡），故称南阳。南阳是西汉的五都之一。东汉时，南阳郡仍属荆州部，和南郡以汉江为界。南阳郡郡治宛，领县 37，人口 240 万，为天下第一大郡。因东汉光武帝刘秀起兵南阳，成就帝业，又被称为"南都""帝乡"。东汉时期，宛城经过长期扩建，已经形成较大的规模，"城周三十六里"（《后汉书·郡国志》注引《荆州记》），居民约有二十多万人，是当时重要的冶铁业中心，工商业大都会。同时，宛的重要性还体现在军事方面，它是联系中原与荆襄九郡的通道，不仅汇聚商贾，同时利于控制荆襄，是全国中心城市，堪与都城洛阳相媲美。

建武七年（公元 31 年），河内郡汲县（今河南卫辉）人杜诗升任南阳郡太守，经过反复设计试验，成功地制作水排，推动了南阳冶铁业的高速发展。这种以水力为动力，通过传动机械，使皮制鼓风囊连续开合，把空气送入冶铁炉的水排冶炼技术，大大提高了冶铁业生产水平，促进了南阳经济的快速发展。西汉末年，"召信臣守土南阳，百姓归之，户口增倍，盗贼狱讼衰止"，一时称治，"吏民亲爱信臣，号之曰召父"。南阳人民把杜诗和召信臣相比，曰："前有召父，后有杜母。"父母官之谓由此始。

3. 许昌

许昌，古称许州、许地，先后为郑、楚所据。分属韩、魏、楚。秦王政十七年（公元前 230 年），秦置颍川郡，治阳翟。颍川郡辖 12 县，许县、阳翟县（今禹州市）、长社县、鄢陵县、襄城县属之。

西汉高祖六年（公元前 201 年），析许县，置颍阴县。东汉建安元年八月（公元 196 年），曹操至京都洛阳迎献帝，迁都许都许县，为东汉末代都城。许昌地处中原，战略位置重要，粮食储备充足，社会比较安定。三国时期，许昌为魏五都之一。魏国黄初二年（公元 221 年），魏文帝曹丕以"汉亡于许，魏基昌于许"，改许县为"许昌县"。

4. 建康（南京）

东汉建安十三年（公元 208 年），诸葛亮出使江东，称秣陵（建康）为："秣陵地形，钟山龙蟠，石头虎踞，此帝王之宅。"（《太平御览》卷一引晋张勃《吴录》）东汉建安十七年（公元 212 年），孙权筑石头城，并将秣陵（今南京）改名为建业，寓意"建立帝王之大业"。

东吴黄龙元年（公元 229 年）5 月 23 日，孙权称帝，定都建业，建业城城周二十余里。南北长，东西略短，位置约在今南京城北部。建业都城北依覆舟山、鸡笼山和玄武湖，东凭钟山，西临石头，城周"二十里十九步"。宫城在城内偏北部分，西为孙权建的太初宫，东为孙皓建的昭明宫和苑城。东傍钟山，南枕秦淮，西倚大江，北临后湖（玄武湖），处天然屏障之内。孙权建都于此后，江南地区经济发展得极快。建康因处经济、文化、政治中心，故而极为繁荣。西晋太康三年（公元282年），改建业为建邺。西晋建兴元年（公元313年），因避愍帝"司马邺"讳，改建邺为建康。

5. 成都

"成都"之名的来历，据《太平寰宇记》记载，是借用西周建都的历史经过，取周王迁岐，一年成聚，二年成邑，三年成都而得名蜀都。秦末汉初，成都取代关中而称"天府"，西汉元封五年（公元前106年），汉武帝分天下为十三州，置益州。东汉时仍为蜀郡。东汉末年，刘焉做"益州牧"，将益州治所从广汉郡雒县移于成都，用成都作为州、郡、县治地。三国时期成都为蜀汉国都。秦灭蜀后，新修筑的作为蜀郡治所的成都城，在历史上称为"秦城"。见载于晋代常璩的《华阳国志·蜀志》"（张）仪与（张）若城成都，周回十二里，高七丈，……造作下仓，上皆有屋，而置观楼射阑。成都县本治赤里街，（张）若徒置少城内城，营广府舍，置盐铁市官并长丞；修整里阓，市张列肆，与咸阳同制。"这就是说，秦城分为太城（又称大城）和少城（又称小城）两个部分，太城在东面，为官府区，少城在西面，为商贾区。两城相连，规模不大，城周围仅十二里。从张仪与张若所修筑的成都"秦城"可看出，当时成都城的布局是较合理的，这为成都城的发展奠定了基础。

成都是锦缎的故乡，是缎的发明地。尤其是蜀锦，驰名中外。为此朝廷在成都设有专管织锦的官员，因此成都又被称为"锦官城"，简称"锦城"。三国时期，蜀锦是蜀汉政权对外贸易的专利品。蜀地"女工之业，覆衣天下""蜀汉之布，亦民间之所为耳"。成都土桥出土的东汉画像砖上有脚踏织锦机和织布机各一部，这是当时世界上最先进的织机。南朝刘宋时，山谦之编纂的《丹阳记》载："历代尚未有锦，而成都独称妙，三国时魏则市于蜀，吴亦资西蜀，至是始乃有之。"东汉时成都商人已开辟了远逾昆明、永昌、八莫（缅甸）、阿萨密和印度以及直抵番禺的几条商路。这是除北方西域丝绸之路之外的另一条南方丝绸之路，而成都是这条商路的起点。"市廛所会，万商之渊。列隧百重，罗肆巨千。赇货山积，纤丽星繁"是对成都商业的描绘（左思《蜀都赋》）。

东汉初年，桓谭曾经上书曰："夫理国之道，举本业而抑末利，是以先帝禁民二业，锢商贾不得宦为吏，此所以抑并兼长廉耻也。今富商大贾，多放钱货，中家子弟，为之保役，趋走与臣仆等勤，收税与封君比入"①，建议恢复汉高祖确立的禁民二业政策。东汉明帝时，刘般上表称："郡国以官禁二业，至有田者不得渔捕"②，建议废止禁民二业的政策，明帝悉从之。到和帝时，又正式开盐铁之禁，民间商业的发展获得了政策利好。

东汉商业繁荣是由各阶层推动的结果。官僚地主普遍经营商业活动。官吏名儒子弟崔寔，酤酿贩鬻为业，时人多讥讽，实终不改。渔阳太守鼓宠，原为盐铁官，转业贩卖粮食。豪强地主在田庄设市贸易，下层民众"务本者少，游食者众。商邑翼翼，四方是极。今察洛阳，资末业者什于农夫，虚伪游手什于末业……天下百郡千县，市邑万数，类皆如此"③。

东汉商业繁荣亦得益于交通。关中通向巴蜀有栈道；代（河北蔚县）至平城（山西大同）有飞狐道；零陵、桂阳通往岭南，远至交趾、九真，日南等郡有峤道；自巴蜀通向西南夷可达今缅甸、印度等地。国内栈道、大道，多筑亭障、邮驿等设施。在传统的丝绸之路之外，海外交通进一步发展，与朝鲜、日本、天竺、大秦（罗马）均有往来。

三国时期的商业有交聘（外交）、互市两种以物易物及内部使用流通货币的形式。蜀国曾以川马和蜀锦与吴国交聘。魏国发行五铢钱，蜀国发行直百大钱。吴以珠宝、香料等换取魏的马匹与蜀的织锦。吴、魏边境互市的地点在石

① 〔南朝宋〕范晔. 后汉书［M］. 北京：中华书局，2007.
② 〔南朝宋〕范晔. 后汉书［M］. 北京：中华书局，2007.
③ 〔东汉〕王符. 潜夫论·浮侈篇［M］. 马世年，译注. 北京：中华书局，2018.

阳（今湖北汉川县北）。吴蜀贸易是通过常态化的互通聘使实现。吴国还发挥其海运优势，与辽东的公孙渊互市，换取辽东的马匹，即史载"浮舟百艘，沈滞津岸，贸迁有无"①。

二、社会饮食业的发展状况

城市的发展、交通的发达、人员的流动、商业的繁荣，是东汉和三国时期社会饮食业发展的基础，在这个基础之上，东汉和三国的社会饮食业呈现出两个特点。

1. 酒风日盛、酒肆成为社会饮食业主体

从西汉始，酒已经从礼制、食制的要素演变成日常饮食的主要内容，并从统治阶层蔓延至全社会。《汉书·食货志》载："有礼之会，无酒不行。"明确说明了酒在各类礼仪、交往筵席中的作用。这就使得统治阶层和富商巨贾们酿酒、储酒以满足需要。西汉中山靖王生前以好酒肉闻名，其墓中出土了保存完整的33件陶制大酒缸，缸外用红色书写"黍上尊酒十五石""甘醪十五石""黍酒十一石""稻酒十一石"，俨然一个酒坊、酒库，可以佐证当时的尚酒之风。东汉饮酒更盛，代表诗句有"对酒当歌，人生几何""何以解忧？唯有杜康"（《短歌行》曹操），上层阶级如此，民间自然效仿。

酒的盛行，除却政治、经济的因素之外，酿酒技术的稳定提高和酒类政策的变化是重要原因。《汉书·食货志》载，酿酒用曲的比例是"一酿用粗米二斛，曲一斛，得成酒六斛六斗"，这说明西汉的酿酒技术已经有了规范和标准。到了东汉，酿酒的原料更多样化，有稻、黍、米、秫、葡萄、甘蔗等。酒的品种有所增加，既有少曲多米，一宿而熟的甘酒，又有发酵期长、酒味醇厚的清酒。西域传入的葡萄酒酿造技术也被掌握。据《艺文类聚·卷八七》载，魏文帝曹丕曾云："且说葡萄，醉酒宿醒，掩露而食，甘而不捐，脆而不辞，冷

---

① 〔西晋〕陈寿. 三国志〔M〕. 北京：中华书局，2012.

而不寒，味长汁多，除烦解渴。又酿以为酒，甘于曲糵，善醉而易醒……"，可为一证。

在酒类政策上，亦有很大变化，西汉从武帝时"初榷酒酤"，由政府垄断酒的酿造和销售。到汉昭帝始元六年（公元前81年），"罢榷酤官，令民得以律占租，卖酒升四钱"，即以销售收税，放开了民间的酿造和销售。自此，民间酒肆快速增长，成为了社会饮食业的主体。酒也从统治者的殿堂进入了民间，全社会的酒风始成。四川出土的东汉时期的模制画像砖，展现了当年蜀地酒肆的画面，虽然不能代表整个时代，尤其是东汉政治中心洛阳、南阳的饮食业，但也以管窥豹、可见一斑了。

图 6-12　酒肆一

图 6-13　酒肆二

图 6-14　酒肆三

图 6-15　酒肆四

　　上列酒肆四图，酒肆一是打酒和售卖。高坐一人当为监管。酒肆二有客沽酒，旁有跪羊，亦有推车载羊与酒，疑是售酒又售羊。汉代有羊酒并列之用。《史记·韩信卢绾列传》载："高祖、卢绾同日生，里中持羊酒贺两家。"《续汉书·礼仪志上》又载："朔前后各二日，皆牵羊酒至社下以祭日。"河北望都一号汉墓中，前室东壁下部左侧绘酒壶，右侧绘一羊，中间有"羊酒"字样。画像砖中出现"羊酒"组合似与此传统相关。酒肆三是沽酒画面，俩人做奔跑状，疑为沽酒之后。酒肆四中有阁楼，楼梯上有短衣裤人登楼，当是酒肆的伺者，楼中一人侧身，似在观望沽酒之人，大约是同饮者。这是目前能看到的当时沽酒、饮酒的稀有画面。

图 6-16　河北汉墓羊酒壁画

2. 胡食和胡床的影响

从战国时代的赵武灵王"胡服骑射"（《史记·赵世家》），到西域的开通，胡风和汉风逐渐相融。东汉末年，胡风尤甚，《后汉书·五行志》记载："灵帝好胡服、胡床、胡坐、胡饭、胡箜篌、胡笛、胡舞，京都贵戚皆竞为之。"上有所好，下必甚焉。从洛阳的京都贵戚，到四方百姓，窄袖短衣和合裆长裤被接受，胡饭、胡食、胡舞成就了胡饼店和胡姬酒肆，成为社会饮食业的一种业态。胡床的引入则改变了汉人传统跪坐的姿式，宫廷、官府的宴饮虽然还保留着跪坐，但社会饮食业尤其是京城的胡姬酒肆中完全采用了垂膝而坐的形式。坐姿的改变会促使就餐形式的改变，以及食器、餐具的改变。高坐会要求高案，否则不便进餐，食案加足，桌案由此产生。因有桌案，食器去足，传统的鼎、簋、豆由高变矮。炊食共器淡出，这些都对社会饮食业和中国烹饪产生了深远的影响。

图 6-17　汉代炙炉

图 6-18　汉代玉餐具

图 6-19　汉代格子鼎

第五节　中药学和中国烹饪学

东汉是中国中医药学的奠基时代。托名"神农"所作的《神农本草经》
（又称《本草经》或《本经》），和南阳人张仲景所作的《伤寒杂病论》是中
医药学的经典著作，其中所包含的中医药学的基本理论是中医药学理论的源头
和基础。

《神农本草经》成书于东汉末年，其成书非一时，作者亦非一人，是秦汉

97

时期众多医学家收集、总结、整理当时药物学经验成果的专著。全书分三卷，以上、中、下三品分类法，记载了365种药物。序录云："上药一百二十种为君，主养命以应天，无毒，多服久服不伤人。欲轻身益气，不老延年者本上经。中药一百二十种为臣，主养性以应人，无毒有毒，斟酌其宜。欲遏病补虚赢者本中经。下药一百二十五种为佐使，主治病以应地，多毒，不可久服。欲除寒热邪气，破积聚疾者本下经。"书中列出每药的性味、主治病症、功用、产地等，适应病症能达170多种。其论述了君臣佐使、七情合和、四气五味等理论，指出"药有阴阳配伍"，强调药物要配合得当。其所述药物学理论，包括药性、功效、采集、炮制等，是中药学的奠基之作。

《伤寒杂病论》是一部论述外感病与内科杂病为主要内容的医学典籍，成书约在东汉末年，是张仲景博览群书，广采众方，凝聚毕生心血所作。原书失散后，经王叔和等人收集整理校勘，分编为《伤寒论》和《金匮要略》两部。《伤寒论》共10卷，专门论述伤寒类急性传染病。《伤寒杂病论》系统地分析了伤寒的原因、症状、发展阶段和处理方法，创造性地确立了对伤寒病的"六经分类"的辨证施治原则，奠定了理、法、方、药的理论基础。至今仍是中国中医院校开设的主要基础课程之一。

中医药学和中国烹饪学同出一源，都源自中国人生产、生存、生活的实践，是中国人认识世界、认识自然、认识自身，抵抗疾病，追求养生、健康的精神和文化成果，是厨者、医者共同劳动的结晶。所以，从伊尹之论、周礼食制、《黄帝内经》到《神农本草经》《伤寒杂病论》，是食中有药、药中有食、食则药之、药则食之，有同有异、有分有合，实乃一体。故四五配膳、四性五味、调和执中、顺天应人，是中医药学的基本理论，同样也是中国烹饪学的理论基础。

1. 四气五味、七情和合

《神农本草经》（下称"《本经》"）饮食保健的原则就是遵循阴阳五行生化收藏之变化规律对人体进行平衡调节，从而达到"阴平阳秘，精神乃治"

的健康状态。《本经》对药食物性味归经的概括正是后世中医药学和中医饮食保健学理论与实践的依据。《本经》是"医食同源""药食同源"思想的源泉之一。它也体现了五行学说对养生的指导："五味，养精神，强魂魄，玉石养髓，肌肉肥泽。诸药，其味酸者，补肝养心除肾病；其味苦者，补心养脾除肝病……，故五味应五行，四肢应四时，……以母养子，长生延年，以子首母除病延年。"

四气五味是《本经》在《内经》"天人相应"理论的基础上系统提出的："药有酸、咸、甘、苦、辛五味，又有寒、热、温、凉四气。"天地为万物之父母，草、木、谷、石、虫等在天地之中生化收藏，而各具其气、味。而此四气五味分别对五脏各具其偏性，"夫五味入胃，各归所喜，故酸先入肝，苦先入心，甘先入脾，辛先入肺，咸先入肾"（《素问·至真要大论篇第七十四》）。

《本经》中首次提出药物之"七情"。草、木、谷、石、虫等似无言，它们之间亦有其相恶、相反、相畏等，即"有单行者，有相须者，有相使者，有相畏者，有相恶者，有相反者，有相杀者"。草、木、谷、石、虫与人一样禀天地之气而有其性，各有其性则各有其喜恶，此亦为"天人相应"在药物上的反映。《本经》创立了药物七情配伍原则，为后世遵循而沿用至今。

2. 配伍使用，食亦药也

《神农本草经》中所载365种药物，属于食物范畴的达59种之多。其中上品29种：菊花（鞠华）、甘草、玉竹（女萎）、山药（署豫）、薏苡仁、香蒲、决明子、茵陈蒿（因陈）、肉桂（菌桂）、枸杞子（枸杞）、茯苓（伏苓）、酸枣仁（酸枣）、橘皮（橘柚）、阿胶等；中品20种：姜（干姜）、葛根、百合、白芷、白茅根（茅根）、海藻、竹叶、栀子、龙眼肉（龙眼）、黄狗肾（牡狗阴茎）、蟹、蝉（炸蝉）、乌梅（梅实）等；下品10种：盐（戎盐、卤盐）桔梗、猕猴桃（羊桃）、花椒（蜀椒）、郁李仁、竹蛏（马刀）、桃仁（桃核仁）、杏仁（杏核仁）、苦瓜（苦瓠）、水芹（水靳）等。59种中有36种已被国家列入药食兼用之名单。剩余 23 种：香蒲、茵陈蒿（因陈）、鸡（丹雄鸡）、野鸭（雁肪）、海蛤、文蛤、乌缸（鳢鱼）、葡萄（蒲萄）、冬瓜子（白瓜子）、苦菜、海藻、黄狗肾（牡狗阴茎）、蟹、蝉（蚱蝉）、大豆卷（大豆黄卷）、粟米、黍米、葱实、盐（戎盐、卤盐）、猕猴桃（羊桃）、竹蛏（马刀）、苦瓜（苦瓠）、水芹（水靳），也具有各自的饮食保健价值。其中丹雄鸡、野鸭、蒲萄、牡狗阴茎、黍米、猕猴桃、竹蛏为补养类，因陈、鳢鱼为祛湿类，香蒲、海蛤、文蛤、苦菜、粟米、苦瓜、水芹为清热类，白瓜子、海藻为化痰类，蝉、大豆卷、葱实为解表类，蟹为活血类。

所谓补养，是指以补益人体气、血、阴、阳，扶助正气，养生壮体，提高抗病能力，以及治疗虚弱证候。祛湿是指以调节体内水液代谢，促进水湿排出以及治疗水湿证候。清热是指以清泄里热，解除热毒，凉血泻热，调整热性体质以及治疗里热证候。化痰是指以祛除痰浊，消除痰涎，纠正痰浊体质以及治疗痰浊证候。解表是指以发散宣透，疏解表邪，调畅营卫运行以及治疗表证。活血类是指以通畅血脉，促进血行，调整脏腑功能以及治疗淤血证候。但均需君臣佐使、配伍而用。

3. 趣利远害、饮食养生

《金匮要略》中有丰富的食疗养生理念和方法。其在《禽兽虫鱼禁忌并治第二十四》及《果实菜谷禁忌并治第二十五》二篇中明确了饮食养生法的两个基本原则，其一曰"趣利"，其二曰"远害"。趣利即"饮食得宜"，远害即饮食"勿犯禁忌"。趣利便要远害，远害即趣利，二者是一种辩证的关系。

要求"服食节其冷热苦酸辛甘"，"节"就是度，是质和量的把握。"凡饮食滋味，以养于生，食之有妨，反能为害。自非服药炼液，焉能不饮食乎？切见时人，不闲调摄，疾疹竟起，若不因食而生？苟全其生，须知切忌者矣。所食之味，有与病相宜，有与身为害，若得宜则益体，害则成疾，以此致危，例皆难疗"（《金匮要略·禽兽虫鱼禁忌并治第二十四》）。"得宜则益体，害则成疾"，简明扼要地说出了疾病的成因。

《金匮要略》所提出的饮食宜忌，主要包括以下内容。

调节饮食：合理的饮食习惯可以预防疾病，强身健体，延年益寿；但饮食不节，或太过，或偏嗜，均会损害健康，引发疾病，如《脏腑经络先后病脉证》篇云："谷饪之邪，从口入者，宿食也。"《禽兽鱼虫禁忌并治》篇又云："凡饮食滋味，以养于生，食之有妨，反能为害。"

食养卫生：凡有毒、相恶、生冷、变质等食物，不可食用。果实蔬菜也要因人、因时，有所选择，并适量而止，而不可过食。如《果实菜谷禁忌并治》篇认为："桃子多食令人热""梅多食，坏人齿""李不可多食，令人胪胀""橘柚多食，令人口爽，不知五味""梨不可多食，令人寒中""樱桃、杏多食，伤筋骨""胡桃不可多食，令人动痰饮""生枣多食，令人热渴气胀"等。果实菜谷有四气五味、升降沉浮的性能，故应顺四时节令，如《果实菜谷禁忌并治》篇指出："正月勿食生葱，令人面生游风，二月勿食蓼，伤人肾。……十一月、十二月勿食薤，令人多涕唾，四季勿食生葵，令人饮食不化，发百病。"

辨证用膳：《脏腑经络先后病脉证》篇曰："五脏病各有得者愈，五脏病各有所恶，各随其所不喜者为病"。《禽兽鱼虫禁忌并治》篇曰："肝病禁辛，心病禁咸，脾病禁酸，肺病禁苦，肾病禁甘。"而饮食习惯的改变又能提示疾病的预后，如《脏腑经络先后病脉证》篇云："病者素不应食，而反暴思之，必发热也。"

食疗之法：《伤寒杂病论》，被后世誉为"方书之祖"。《针灸甲乙经》序云："仲景论广伊尹《汤液》为十数卷，用之多验。"《汤液经》为伊尹所作，已佚。《吕氏春秋·本味篇》中伊尹说汤中有"阳朴之姜，招摇之桂"之论。姜、桂既是烹饪调味之物，又是发汗解表之药，故有人认为张仲景的桂枝汤是从羹汤肴馔中分出的最古处方之一，当属食疗方之首。

《伤寒杂病论》载食疗方30余方，以复方为主。有单纯食物组合成方者，如猪肤汤方、百合鸡子黄汤等；亦有药食兼用之物和食物组合成方者，如桂枝汤、小建中汤、甘麦大枣汤等；还有食物和药物组合成方者，如当归生姜羊肉汤、瓜蒌薤白白酒汤、赤小豆当归散；等等。其食疗方所用包括动物类、植物类、矿物类，所疗疾病包括内科和妇科各类疾病。其中"当归生姜羊肉汤""甘麦大枣汤"等治疗妇科疾病的食疗方，一直为历代医家所推崇。《伤寒杂病论》中的食药配伍方法和规律为后世辨证论治药、食药配伍提供了可借鉴的依据。

《金匮要略》中明确指出食物的疗疾之用，如当归生姜羊肉汤以羊肉大补精血、百合鸡子汤以鸡子黄滋养胃阴、猪膏发煎以猪膏润燥通便、甘麦大枣汤以小麦养心安神。大枣、蜜入药能缓和药性，如十枣汤、乌头煎等；稀粥、酒能助药力，如桂枝汤、红蓝花酒等；煮饼、麦粥等可为病后调护。

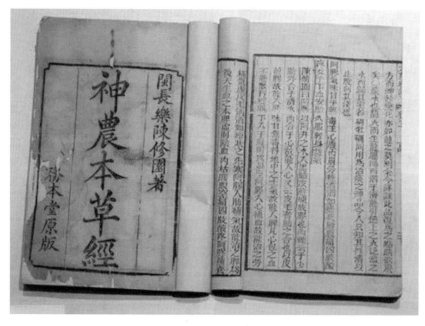

图 6-20　神农本草经

《金匮要略》还要求：饮食当如法烹饪制备，否则不可食之。如"杏酪不熟伤人"；鱼、肉、蔬菜，不可生食；饮食当适寒温，"食冷物，冰人齿"；饮食不可使冷热相搏；"食热物，勿饮冷水"；"食肥肉及热羹，不得饮冷水"；以及不食不明之物等诸多饮食禁忌。并列举不少解毒之法。如用甘草汁解毒，用荠苨汁解毒，用大豆汁解毒，用硝、黄攻下，盐汤催吐，从体内清除毒性物质等，仍在为今人所用。

图 6-21 伤寒论

第六节 中国烹饪技术体系的变化与发展

东汉是中国烹饪及其技术体系重要的成长期。在这个基本的平台上和框架内，东汉、三国的二百多年间，在国家大的政治、经济发展的背景下，在交流、交通、城市商业发展等条件下，中国烹饪及其技术体系出现了许多变化和亮点。这些变化和发展对后世中国烹饪的发展有着重要的作用和意义。

一、专业门类

东汉、三国时期，中国烹饪体系内的专业门类发生了较大的变化，这个变化是相关专业的专业化程度提升，并逐步完成向独立行业的演变。

1. 官厨

虽然尚无较为翔实的资料了解当时官厨的状况，但东汉皇室和官僚阶层的膳食及服务已经达到相当高的水准。山东诸城凉台汉墓主人是东汉晚期的孙琮，曾任汉阳太守。墓中出土的庖厨图中描绘了烹饪的场面，包括宰杀、汲水、初加工、切配、蒸煮、炙烤等，这就是很好的证明。

2. 医疗

除在官厨系列内的食医、疾医外，在社会上医疗已经成为独立的行业，医者和厨者不再处于一个体系之内。社会饮食业的烹饪技术领域自此缺失了相关专业人员在五味四气、膳食配伍方面的理论和技术指导。

3. 酿造业

酿造业中酒类的酿造已经独立。从目前的资料看，直接面对消费者的酒肆、酒家规模较小，只承担销售和消费服务。官营、私营的酒坊承担酿造和批发，酒类品种增加。醋、酱、浆、豉等类产品也逐步成为独立行业。

4. 屠宰业

虽然有资料显示，社会饮食业仍承担着家畜、家禽的宰杀，但面对全社会的屠宰专业在西汉就已经成为独立的行业。

5. 原料加工业

在粮食的加工磨制、植物油的磨制、原料的干制、腌制等半成品的加工中，粮食、植物油的加工已经独立为行业。"杵舂又复设机关，用驴、牛、马及役水而舂"（桓谭《桓子新论》）。畜力和水力大大提高了规模和效率。豆腐的发明和广泛的需求与应用，使其从磨坊、油坊中独立出来成为一个新兴的行业。

6. 饮食业

酒肆、酒家、饼店、饮食摊贩得到快速发展。提供产品和消费服务的酒家，如胡姬酒肆，仍是这个时期的亮点。

图 6-22　人力杵臼图

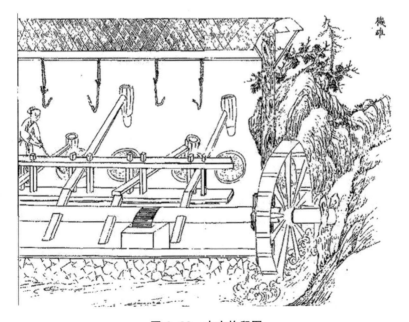

图 6-23　水力杵臼图

图 6-24　打虎亭汉墓豆腐制作图

7. 关于豆腐的发明与制作

豆腐的发明是中国烹饪在谷物加工方面的重大贡献，不论作为食品还是作为烹饪原料，它对中国烹饪和人民生活都有着无法替代的重要意义。豆腐发明的前提是石磨的出现和大豆的生产，这两个条件西汉便已具备。虽然世传豆腐是淮南王刘安发明的，但却无文字记载和出土文物佐证。因此，豆腐的发明更多是谷物加工中带有必然性的偶然。这是因为在加工小麦、黍子面粉的同时，加工大豆粉是完全可能的。而在制作羹汤时出现各种粉类的凝结、稠化也是正常的。故在这样反复的工艺过程中，最终形成豆腐的制作工艺也是合理的。

图 6-25　诸城汉墓庖厨图

　　位于河南郑州市新密市的打虎亭汉墓庖厨图的一部分为汉代豆腐的发明、制作提供了佐证（见图 6-34）。从下至上，其一是泡豆，左起中间一口大缸，左右两侧分别一人，左侧的人用木棍搅动大缸，右侧的人拿着一个勺状物，似在察看浸泡的豆子。其二是磨豆，图中一个圆形大石台，边沿有凹槽，上有圆形小磨盘，中间留有一个圆孔，旁边站一人，右手在转动磨盘，左手向圆孔中倒入湿豆。其三是滤浆，使豆浆与豆渣分离，图中一口大釜，三人站立，两人绞动锅中的袋状物。旁边一人，似为指导，釜中还放着勺子，是汲取豆汁之用。其四是点浆，亦称为点卤，即将石膏、盐卤、酸浆之类的凝固剂加入过滤之后的豆浆中，使其凝结成豆腐。图中地上放着容器，旁边放着高矮不同的两个瓶子，一人坐在锅边，双手持木棍，正在锅中搅动，反映的正是点浆情景。

其五是豆腐制作之镇压成型工艺，是指将凝固好的豆腐花放进模子中，用重物进行压制，以去除多余的水分，形成完整的成品豆腐。图中高台上放置长方形盒子，盒子上方有块状盖板，盖板上斜插着长条形的木杠，木杠另一端吊着重物，盒中压榨出的水流入地上的陶盆，能发酵作浆水。这正是压榨定型工艺的写照。据此，可以认为，最迟在东汉初年，豆腐的制作已经形成了完整的工艺流程。而其产量则决定于豆腐坊的规模和其采用的是人力、畜力或水力磨制豆浆。

二、技术工种

从诸城汉墓庖厨图中可以看出，东汉、三国时期的技术分工已经非常固定和明确了。虽然社会饮食业可能达不到官厨的细化程度，但基本工种是一致的。

1. 膳夫：不论官厨和社会饮食业，总管都是存在和必需的。

2. 食医：仍旧存在于官厨系列中。

3. 司灶：包括临灶烹饪和烧火之人，广州汉墓出土的一个东汉陶灶，灶旁附设多个水缸，利用余热温水，当是后世灶上设置温水缸并烧开水的前身。

4. 案俎：负责粗加工和切配。

5. 庖人：负责家畜的宰杀，仍旧存在于官厨系列中。

6. 面案：负责蒸饭和面食制作。

7. 保庸：负责各类杂役。

8. 当垆：负责售卖和服务。

9. 洒削：负责刀具，未见记载。

图 6-26　广州东汉墓带水缸陶灶

图 6-27　山东东汉厨师陶俑（切配）

图 6-28　山东东汉厨师陶俑（面食）

图 6-29　山东东汉厨师陶俑（切配）

三、技法

在烹饪活动的分工上，红案、白案已各成一线。在菜肴的配伍上，紫苏、山茱萸、子姜等也成为了主要的香辛调味料。

东汉、三国时期的烹饪技法较之西汉无大的变化。这个时期，刀工技术达到了相当的水平。对不同的菜肴，在烹调前能进行相应的刀工处理。特别是脍，已有具体要求。《释名·释饮食》中"脍"条在谈"脍"的加工时，指出先要将原料"细切"，然后分其"赤、白"，再分别切细。《汉赋》中对"脍"常有描绘，如傅毅在《七激》中写道："浔养之鱼，脍其鲤鲂，分毫之割，纤如发芒，散如绝毂，积如委红。"鱼脍能切得"发芒"一般纤细，虽有些夸张，但也不是毫无生活依据的狂想。又如《释名》中提到的"啗炙"，得先将牲肉加工成"细密肉"（肉末、肉泥之类），然后再进一步制作。

曹植在《七启》中描述"蝉翼之割，剖纤析微；累如叠毂，离若散雪，轻随风飞，刃不转切"的制脍之法，虽不无文学夸张，但也距事实不远。遗憾的是，由于没有当时菜刀形制的记述和实物问世，不知是何样的刀具能切出蝉翼之薄，能轻随风飞的肉。

1. 蒸：蒸饭、蒸饼和蒸肉。如重秬（黑黍）香秔（粳米）烂豕。但未见和大釜相配合的甑的记载。蒸饼在《释名》《四民月令》等书中均有记载。《佩文韵府·饼》引《四民月令》说："寒食以面为蒸饼样，团枣附之。"

2. 煮：在濯、脪、熬之外，出现了煨，就是小火长时间的煮制，但保留少量汤汁，后称煨。所谓煨汤、煨水即指汤汁包住主料。煨鳖，即煨甲鱼，徐干在《齐都赋》中有"煨鳖脍鲤"之句。

3. 濡：炊食共器，涮煮之法，但未见这个时期的记载。

4. 烩：复合技法，多为熟料烩制，但未见这个时期的记载。

5. 炙：以炙炉燔炙动物性原料，是这个时期的常用技法。炙熊蹯应该是火上燔。此时的熊掌当为鲜货，干掌是难以燔炙成熟的。

6. 烤：炉烤仍旧是胡饼店制饼的主要技法。汉灵帝时，京都洛阳人"皆食胡饼"鬻是竹筒干烤法。《说文解字》："鬻，置鱼筥中炙也"。段注："筥，断竹也。置鱼筥中而干炙之"。

7. 煎：仍未见这个时期的以动物油或植物油煎制的煎锅的记载和出土。

8. 炸：这个时期未见有炸制菜肴的记载。

9. 烙：汉人陶鏊制饼之法，但未见这个时期的记载。

10. 脍："玄熊素肤，肥豢脓肌"曹植在《七启》中写道。黑熊、肥猪和鲤鱼是脍的主要原料，也是这个时期最常用的菜品。

11. 腌：在酱腌行业之外，盐腌、酱腌是制作菹、葅等调味小菜和调味料的手段，如醢、豉、酸梅等。菹、葅类菜肴有韭菁（韭菜花）菹、芜菁葅、蕹葅、芥葅、瓜葅、葵菹。《四民月令》载："九月藏茈姜、蘘荷，作葵葅、干葵。"蒻菹：汉李膺《益州记》："蒻之茎，蜀人于冬月取捶碎，炙之，水淋一宿为葅。"蒻，俗名藕鞭。

司马相如曾经写过一篇《鱼葅赋》（《北堂书钞》卷一四六），可见"鱼葅"在当时影响是很大的，可惜此赋已经亡佚。

12. 腊：盐干、风干的动物性原料菜肴制作，未见这个时期的记载。但已有专门的加工行业制作。

13. 发酵法：东汉崔寔著的《四民月令》记载："距立秋，毋食煮饼及水溲饼。"其自注："夏日饮水时，此二饼得水，即坚强难消。不幸便为宿食，作伤寒矣。试以此二饼置水中即验。唯酒溲饼入水即烂也。"（农业出版社1981年5月版《四民月令辑释》）这里的"酒溲饼"，就是用酒酵发面制成的。

四、品种与筵席

东汉、三国时期的品种与筵席见于文字记载的有东汉张衡的《南都赋》，东汉徐干的《齐都赋》，西晋初年左思的《魏都赋》《蜀都赋》《吴都赋》，魏国曹植的《名都篇》《七启》。上述虽为文学作品，有溢美之词，却也基本可信。而河南省新密市打虎亭汉墓的《宴饮百戏图》，洛阳汉墓的《夫妇宴饮图》则以写实的手法，描绘了当时的场景。

张衡的《南都赋》载："若其厨膳，则有华芗重秬，滍皋香秔，归雁鸣鵙，黄稻鲜鱼，以为芍药，酸甜滋味，百种千名。春卵夏笋，秋韭冬菁。苏蔱紫姜，拂彻膻腥。酒则九酘甘醴，十旬兼清。醪敷径寸，浮蚁若萍。其甘不爽，醉而不酲。"

如上所述，南阳当时的主要品种是：重秬（黑黍）、香秔（粳米）为蒸饭，以雁、鵙、鱼为原料的禽类、鱼类菜肴，芍药调和，百种千名。小蒜、竹笋、韭菜、蔓菁都是时令珍品。紫苏、山茱萸、子姜是灭腥去膻的佳物。酒则有九酘的甘醴、百日而成的清酒、上有蚁状醪糟的浊酒。

徐干的《齐都赋》载："主人盛飨，期尽所有。三酒既醇，五齐惟醹。烂豕腒羊，炰鳖脍鲤。嘉旨杂遝，丰实左右。前彻后著，恶可胜数。"其中菜肴品种为：烂豕（蒸煮后的猪肉）、腒羊、煨甲鱼、鲤鱼脍。

左思的《魏都赋》载："清酤如济，浊醪如河。冻醴流澌，温酎跃波。丰肴衍衍，行庖皤皤，憛憛醹宴。"其中的酒类品种有：清酒、浊酒、清凉的甘酒、温润的酎酒。《吴都赋》载："飞轻轩而酌绿酃，方双榜而赋珍羞。军马弭髦而仰秣，渊鱼竦鳞而上升。酣湑半，八音并。欢情留，良辰征。"其中酒为绿酃，鱼为渊鱼，并有"酣湑半，八音并"的酒至半酣的宴会场景描绘。

左思的《蜀都赋》所载："吉日良辰，置酒高堂，以御嘉宾。金罍中坐，肴鬲四陈。觞以清醥，鲜以紫鳞。羽爵执竞，丝竹乃发。巴姬弹弦，汉女击节。起西音于促柱，歌江上之飍厉。纤长袖而屡舞，翩跹跹以裔裔。合樽促席，引满相罚。乐饮今夕，一醉累月。"则非常清晰地描绘了成都官宴的场景。其中有酒罍置中、菜肴置于四周宾客面前的筵席布局。有酒为清醥、鱼为金鲤的记述；又有巴姬、汉女歌舞伴宴的描绘。尤其是和樽促席、饮满相罚，让我们得知那时一人一席的宴会可以两席合一、酒菜共用，会有行酒令相罚，长夜饮酒的情况。

曹植的《名都篇》所载的平乐宴是："归来宴平乐，美酒斗十千。脍鲤膾胎鰕，寒鳖炙熊蹯。"其中的品种有鲤鱼脍、虾仁羹、酱腌甲鱼、炙熊掌。而《七启》则罗列了三国时期的肴馔妙品与美酒"芳菰精粺，霜蓄露葵，玄熊素肤，肥豢脓肌。蝉翼之割，剖纤析微；累如叠縠，离若散雪，轻随风飞，刃不转切。山鸡斥鷃，珠翠之珍。寒芳苓之巢龟，脍西海之飞鳞，臛江东之潜鼉，腾汉南之鸣鹑。糅以芳酸，甘和既醇。玄冥适咸，蓐收调辛。紫兰丹椒，施和必节，滋味既殊，遗芳射越。乃有春清缥酒，康狄所营，应化则变，感气而成，弹徵则苦发，叩宫则甘生。于是盛以翠樽，酌以雕觞，浮蚁鼎沸，酷烈馨香，可以和神，可以娱肠。此肴馔之妙也，子能从我而食之乎？"其中有：菰饭（雕胡饭）、粳米饭、秋葵、黑熊，以及肥猪的肉脍、鷃、鹑、酱腌巢龟、西海鱼脍、江东臛鼉、汉南鹑羹、春清缥酒等。

河南新密市打虎亭汉墓的《宴饮百戏图》完整、细致地呈现了东汉时期大型官宴的场景。此画长度为7.34米，高度是0.70米。画幅西中部，左方是主人座位，仍是西席为尊，它的后上方绘制有长方形棚状帐幔，其后竖有数根旗杆，飘着红、绿、蓝不同颜色的彩旗。撩起的围帘内，绘制有一个褐色拱腿形几案，几案后两个并肩列坐者应是女主人，似在应酬宾客。女主人座旁两侧，着不同色彩衣服的男女，是宴会侍者。两排席地而坐者是着不同服饰的五十余位宾客，官阶、地位当有不同，宾主座前的几案上，摆放着盘、碗、杯、盏等酒具、餐具。宴会中间是"百戏"表演场地，乐师在击鼓、敲锣、拍镲；演员在踏盘、载歌、载舞；还有吹火者、掷丸者、执节者……可谓场面宏大、富丽奢华。

此等宴会的举办者当为高官，故墓主人的身份尚有争议。一说是东汉弘农太守张伯雅，一说是东汉大司徒侯霸的族父，号曰"大常侍"的侯渊，但以宴会的规模和奢华程度而言，太守恐难有此种能力和资格。

洛阳东汉晚期墓的《夫妇宴饮图》是官员家筵的写照，墓主人的身份已不可考。壁画上方为朱红横栏，下悬连弧状朱色帷幕。帷幕下横列带屏矮足榻。夫妇两人端坐其上，说明东汉晚期官员家庭中的坐卧已经由榻、床取代筵和席。男人居右而坐，左手端盘，盘内有耳杯。女人坐男人左侧，身后屏风有一侍女。榻床前置栅足几，几上放朱色圆盘，盘中有5个黑色小耳杯，其左右分别置圆盒、耳杯各一件，系酒具。墓主夫妇前方站立侍女，其面前有一个矮足圆形几案，其上有一件三足笛形樽。侍女左手端圆盘，盘中有耳杯，右手持一长柄勺，正自樽中酌酒。图中无菜肴和羹汤出现，或说明酒也许是浆，可能已成为官员家庭的日常饮料。

图 6-30　打虎亭汉墓《宴饮百戏图》

图 6-31　洛阳东汉墓《夫妇宴饮图》

115

本章结语

东汉较之西汉，社会生产力的发展达到了一个更高的水平。京师洛阳地处中原，作为政治、经济、文化中心，其辐射力、影响力超过前代，种植业、养殖业、手工业的产量和工艺都有所提高。铁器的制造更是显著提高，为东汉生产和生活提供了强有力的支持。西域的经营、海上交通的发展，使商业更为繁荣，京师以外的地区中心城市也都呈现出欣欣向荣的发展景象。只是东汉末年，军阀混战、三国纷争，令社会和经济的发展受到极大的影响。

东汉、三国时期的社会饮食行业，业已形成规模，很好地服务了各方面的消费需求。在此基础上，原有的中国烹饪体系出现分化。酿酒专业独立成为官办、民办具存的酿酒行业。前身为食医、疾医的医者在完成了理论建设后，走向社会，成为中医药行业。在中国烹饪的技术体系内最具亮点的是豆腐的发明与制作，其泡、磨、煮、点、榨的工艺流程至今未变，其作用、其贡献、其意义可谓是无以伦比的。

第七章　晋、南北朝

(公元 280—589 年)

第一节　短暂的统一和南北对峙时期的中国社会

三国以后，中国进入了西晋短暂统一的时代，随后不久又陷入大分裂、大动荡和南北对峙的历史时期。

一、西晋的短暂统一

公元 263 年，魏由邓艾和钟会率十余万大军进兵成都，灭掉蜀汉政权。公元 265 年，司马昭死。其子司马炎篡魏称帝（晋武帝），建立晋朝（史称"西晋"），定都洛阳。公元 280 年，晋派大将杜预和王浚率大军二十余万，水陆并进直逼建业，灭掉吴国孙浩政权。由此结束了三国鼎立的局面，统一中国。

统一之后，西晋实行了一系列恢复生产和稳定社会秩序的措施。推行占田制和与之结合的课田制，废除屯田制，使半农半兵的屯田户转变为拥有土地所有权的农户，有利于土地开垦和生产积极性的提高。改革赋税制度，推行租调制，对官僚阶层实行限田制，一定程度上遏制了土地的过度集中。重赏招募东汉末以来流亡人口回归中原，规定女子已满 17 岁而父母不允出嫁则由官府配嫁，又允许官奴婢成家，对人口增殖都起到了积极的作用。西晋统一后，允许不少塞外民族提出内附的要求，匈奴、鲜卑、羯、氐和羌等民族纷纷内迁中原。公元 280 年，全国共有 2459840 户，人口 16163863，比三国时期户增一百万，人口倍增。从公元280年到289年的十余年间，是西晋相对繁荣稳定的时期，社会经济有了较大的发展。据《晋书·食货志》载：太康年间，"天下无事，赋税平均，人咸安其业而乐其事"，史称"太康盛世"。

西晋政府实行分封制和士族门阀制度。用《九品官人法》将统治的基础地主阶级区分为士族和庶族，士族把持政权，庶族地主难以升迁（即"上品无寒门，下品无世族"），人为地瓦解了统治阶层的力量。西晋的统治阶层十分荒淫奢靡，"封建统治阶级的所有凶恶、险毒、猜忌、攘夺、虚伪、奢侈、酗酒、荒淫、贪污、吝啬、颓废、放荡等龌龊行为"无不具备①。灭掉蜀、吴之后，西晋后宫达万人以上，人满为患。司马炎羊车出巡，极度荒淫。奢靡之风上行下效，位列三公的何曾"食日万钱，犹曰无下箸处"（《晋书·何曾传》）。其子何劭，每天膳费二万。士族炫富、斗富成风，以蜡代薪、人乳蒸豚，"侈汰之害，甚于天灾"②。

公元290年，晋武帝司马炎死后，宫廷自相残杀，并引发长达16年的八王之乱（公元291—306年），充分暴露了司马氏集团的残忍性、腐朽性。混战中，黄河流域各族横遭惨祸，民不聊生，苦不堪言。公元316年，刘曜率领匈奴军队攻破长安，晋愍帝司马邺献城投降，五十余年的西晋亡。由此开始了中国三百年的大战乱、大分裂、大倒退。

二、东晋与五胡十六国

公元307年，晋怀帝任命琅邪王司马睿为安东将军，都督扬州、江南诸军事，镇建邺（晋愍帝时改称建康）。公元317年，司马睿在建康称晋王。公元318年称帝，续建了晋朝，史称"东晋"。公元346年，东晋安西将军桓温伐蜀，次年3月克成都，成汉政权灭亡。至此，东晋统一了南方，与后赵隔秦岭淮河对峙。

① 范文澜，蔡美彪.中国通史［M］.北京：人民出版社，1995~2007.
② ［唐］房玄龄等.晋书·傅咸传［M］.北京：中华书局，1974.

东晋王朝建立后，处于士家大族的威压之下。王导家族、谢氏家族及庾、桓两家先后支配着王朝政局。公元 317 年，鉴于部分南迁士人恢复中原的呼声，司马睿（晋元帝）派祖逖北伐，祖逖率旧部百余家渡江北伐，击楫中流，慷慨明志。由于得到中原民众的支持，祖逖很快击败石勒的军队，收复黄河以南。公元 321 年祖逖忧愤而死，收复的失地再度沦陷。其后庾亮、殷浩、桓温（三次）、刘裕等人的北伐行动，均未能恢复中原。

西晋灭亡以后，中原与北方是为"五胡十六国"时期。少数民族政权中，氐族人建立的前秦逐渐强大起来，先后灭掉前燕、代、前凉等，统一了黄河流域。公元 373 年，前秦攻占了东晋的梁（今陕西汉中）、益（今四川成都）二州，将势力扩展到长江和汉水上游。前秦皇帝苻坚因此踌躇满志，欲图以"疾风之扫秋叶"之势，一举荡平偏安江南的东晋王朝，统一南北。在这样的背景下，爆发了南北两大政权之间的一场大决战——淝水之战。

淝水之战，前秦兵败。东晋乘胜收复失地，大将刘牢之甚至攻下了邺都。但由于东晋内部的纷争导致无暇北顾，这些地方又陆续失去。公元 399 年，五斗米道孙恩、卢循起义爆发，持续 12 年之久，其间，还有公元 403 年的桓玄之乱，大厦将倾的东晋王朝雪上加霜，处于风雨飘摇之中。

三、南北朝的对峙

公元 420 年，刘裕篡东晋建宋，南朝开始。公元 439 年，北魏统一北方。南方北方，各自朝代更迭，长期处于对峙状态，史称"南北朝"。南朝（公元 420—589 年）先后为宋、齐、梁、陈四朝；北朝（公元 439—581 年）先后有北魏、东魏、西魏、北齐和北周五朝。

公元 422 年，刘裕死。公元 424 年，刘义隆（宋文帝）即位，年号元嘉。刘义隆在位 30 年间，政局安定、经济繁荣，史称"元嘉之治"。公元 430 年开始，宋文帝屡次北伐，试图收复北方，但指挥用兵屡屡失误，反因北伐造成"兵荒财单"、国力受损，使刘宋在军力上无法与北魏抗衡。公元 453 年，宋文帝被太子邵所杀，刘宋陷入内乱中，政局动荡。公元478年，萧道成篡位，建立齐朝，刘宋亡。

萧齐仅存23年，公元501年，萧懿之弟萧衍拥立萧宝融，举兵攻入建康，杀萧宝卷。公元502年，萧衍称帝，国号梁，萧齐灭亡。萧衍本人虽博学多才，却昏聩不堪，宠信贵族与上层，佞佛怠政，虐害百姓，政治黑暗。公元548—552年的侯景之乱成为南朝的历史转折点，南朝的控制范围大为萎缩，长江中下游江北之地尽失，从此转衰。公元557年，大将陈霸先废掉梁静帝自立，建陈朝。陈朝初期，江南经济略有恢复。公元583年，陈叔宝即位，贪图享乐，大兴土木，耗尽民财，且荒淫无道，不理朝政，终于在公元589年被隋所灭，南朝结束。

公元386年初，鲜卑族北魏道武帝拓跋珪趁前秦四分五裂之际在牛川（今山西晋中和顺县牛川乡）重建代国，自称"代王"。当年四月，拓跋珪迁都盛乐（今内蒙古呼和浩特市和林格尔县），改国号为"魏"，史称"北魏"。公元398年，拓跋珪称帝，将都城迁到平城（今山西大同）。公元439年，北魏太武帝拓跋焘灭北凉，统一北方，十六国结束，北朝开始。

北魏孝文帝拓跋宏于公元494年迁都洛阳，全面进行了汉化改革，终于使北方经济得以恢复。北魏后期，统治阶级日趋腐化，政治腐败。高阳王元雍家有僮仆六千，伎女五百，一餐价值数万钱。河间王元琛家用银槽来养马，请客用水晶钵、玛瑙碗、赤玉卮等国外舶来的奢侈品。元琛拿自己和石崇对比："不恨我不见石崇，恨石崇不见我。"奢靡挥霍、攀比斗富，成为潮流。卖官鬻爵，贪污明目张胆，贿赂公然无忌。元晖当吏部尚书时，"纳货用官，皆有定价：大郡二千匹，次郡一千匹，下郡五百匹。其余官职各有差"①。地方官吏搜刮地皮盘剥百姓，"聚敛无极"，毫无底线。元琛做定州刺史时，"多所受纳，贪（婪）之极"。当时豪强横行，肆意掠地，放贷牟利。北魏末年，大规

① 〔北齐〕魏收．魏书·卷一五·常山王遵传，附元晖传［M］．北京：中华书局，1974.

模的各族起义不断爆发。公元 528 年，河阴之变后，北魏走向分裂。公元 534
年，高欢立元善见为帝（孝静帝），迁都邺城，史称"东魏"（公元 534—550
年）。公元 535 年，宇文泰立元宝炬为帝（文帝），都长安，史称"西魏"（公
元 535—557 年）。公元 550 年，高欢的儿子高洋废掉东魏皇帝，建立北齐（公
元 550—577 年）。公元 557 年，宇文泰的儿子宇文觉废掉西魏皇帝，建立北周
（557—581 年）。由此形成了周、齐对立的局面。公元 577 年，北周灭北齐，
统一北方。公元 581 年，北周外戚杨坚废掉北周宣帝宇文赟，自立为帝，国号
"隋"。公元 589 年，隋灭陈，结束了南北分裂的局面，中国重新实现了统一。

第二节 五胡乱华、衣冠南渡与南北
文化的交流融合

五胡乱华是中国历史上经济文化最发达的中原地区遭遇的一场浩劫，也是
一场大变乱和大分裂的历史事件集合。其始于西晋末年，发展于十六国与南方
东晋王朝的对峙，结束于北魏统一北方。五胡乱华也是"衣冠南渡"这一历
史文化奇观的最主要、最直接动因之一。

一、五胡乱华和衣冠南渡

早在东汉三国之际，由于中原的繁荣和国力日兴，对劳动力的需求日渐增
多，再加上当时中国正处于一个相对比较寒冷的时期，草原难以生存[①]，周边
少数民族包括匈奴、鲜卑、羯族、氐族、羌族等，开始移居中原。到西晋时

---

① 竺可桢. 中国近五千年来气候变迁的初步研究［J］.《考古学报》1972 年第 1 期.

期，"西北诸郡，皆为戎居"①，"关中之人，百余万口，率其少多，戎狄居半"②。由于西晋政府和地方官的歧视和欺压，内迁诸族与汉族的民族矛盾和社会下层劳苦大众与上层封建统治者之间的阶级矛盾相互交织，民变丛生，成为颠覆西晋政权、威胁社会稳定和百姓生存、对经济文化造成严重破坏的社会力量。

西晋灭亡以后，黄河流域，狼奔豕突，匈奴、鲜卑、羯族、氐族、羌族等先后建立了自己的政权，史称"五胡十六国"。十六国时期，黄河流域各民族之间征战不休，将百姓生死置之不顾，只是追求地盘、人口和奢侈淫乐，杀人取乐，司空见惯。北方陷入大倒退、大混战和人口锐减的黑暗时代。

"衣冠南渡"本指西晋末年，晋元帝为避战祸举家南迁，北方世家大族、缙绅士大夫和庶民百姓随之南下的历史事件，也包括随之发生的政治、经济、文化的大规模迁移。

与北方的混乱相反，江南在三国时期得到初步开发，且远离中原，少受战乱的影响。于是，西晋统治者阶层中不少人在江南寻找避祸之地。永嘉元年（公元307年），琅琊王司马睿被封为安东将军，都督扬州、江南诸军事，镇守建业，为后来西晋末年北人南迁做了准备。其后，北方乱象加剧，"至于永嘉，丧乱弥甚。雍州以东，人多饥乏，更相鬻卖，奔迸流移，不可胜数。幽、并、司、冀、秦、雍六州大蝗，草木及牛马之毛皆尽。又大疾疫，兼以饥馑""流尸满河，白骨蔽野"③。北方的大族与流民纷纷自中原南下江左，造成江左"百郡千城，流寓比室"，公元311年，"洛京倾覆，中州士女避乱江左者十六七"④，"中原冠带，随晋过江者百余家"⑤。郗鉴、温峤、应詹、刘隗、刁协、庾亮、祖逖、苟菘等晋室公卿也渡江而来。王导建议司马睿"收其贤人君子，

① 〔唐〕房玄龄等．晋书·卷九七·匈奴传 [M]．北京：中华书局，1974.
② 〔西晋〕江统．徙戎论．
③ 〔唐〕房玄龄等．晋书·食货志 [M]．北京：中华书局，1974.
④ 〔唐〕房玄龄等．晋书·卷六五·王导传 [M]．北京：中华书局，1974.
⑤ 颜之推．观我生赋·自注．

与之图事"①。勃海刁协、颖川庾亮等百余人成为掾属，称为"百六掾"，北方侨姓门阀构成了后来东晋政权的支持力量。据载自晋怀帝永嘉年间（公元307—312 年）至刘宋元嘉年间（公元 427—453 年）从中原南迁江淮流域的移民共计约 90 万人。

二、文化的交流与融合

两晋南北朝期间，内迁各族与汉族虽然存在战争，但也有血缘融合，涉及政治、经济、文化各方面的全方位民族融合关系②。

这时期的交流、融合大体有三种表现形式。

一是游牧民族作为劳动力被吸纳，由游牧而半农半牧，进而完全转化为农耕生活③，是生存、生活方式的改变。二是经济生活的改变，决定了政治、文化的样式。少数民族的上层统治者在创立政权的过程中，不断吸纳汉族地主阶级优秀人物，学习汉族统治者的典章制度，逐渐摆脱愚昧和野蛮状态。匈奴首领刘渊（汉赵）采用汉魏官制、礼制，大修城池宫观，吸收汉族上层分子进入政权，实行胡汉联合专政；匈奴人刘曜（前赵）沿用汉国胡汉分治的国策，在长安设立学校，传习汉族的封建文化。羯族首领石勒（后赵）由于早年被晋吏残害，所以杀降杀俘，激起汉族的激烈反抗，后逐渐转向笼络和利用。在攻陷冀州后，石勒搜罗"衣冠人物，集为君子营"④，加以保护。定都襄国后，又设"崇仁里"，专供汉族士族居住，下令胡人不得"侮易衣冠华族"。鲜卑族慕容部自慕容廆（晋武帝时）、慕容皝开始，几代首领都非常重视学习汉家制度。氐族领袖苻坚更是在汉族士族地主王猛的辅佐下，全方位汉化改革，使

---

① 〔唐〕房玄龄等 . 晋书·卷六五·王导传〔M〕. 北京：中华书局，1974.

② 黄烈 . 魏晋南北朝民族关系的几个理论问题〔J〕，《历史研究》，1985，3.

③ 据晋书·卷九三《王恂传》：内迁诸族"服事供职，同于编户"或编为军队，驱之参加内战，卖命疆场；或进入地主庄园充当佃客沦为奴婢。太原一带"以匈奴胡人为田客，多者数千"。羯人石勒曾在上党为大地主郭敬、宁驱种地，后来被掳走成为奴隶。

④ 〔唐〕房玄龄等 . 晋书·卷一〇四石勒载记〔M〕. 北京：中华书局，1974.

前秦政权短暂统一了北方①。北魏时期，从冯太后到孝文帝拓跋宏，更是进行彻底的汉化改革。三是在反抗上层统治者的过程中，少数民族也与汉族下层劳苦大众并肩作战，使民族融合走向深化。

两晋南北朝时期，出现了刘渊、石勒、苻坚、拓跋宏这样汉化很深的胡人，也有高欢、高洋以及北周外戚杨坚这样一些鲜卑化的汉人。据载高欢向部下讲话，往往是鲜卑语与汉语杂糅②，这表明当时的人们起码都是两种语言兼通的。由于鲜卑没有文字，北朝各代都以汉文通行。陆俟是鲜卑八大贵族之一，其子陆丽"好学爱士"，孙陆璃"雅好读书"，陆凯"谨重好学"，第四代陆恭写文章诗赋一千多篇，陆旭于太和年间为"中书博士"，第六代陆印"博览群书"，"在席赋待、印必先成"。许多汉族士大夫都难以匹敌③。

第三节　南北朝经济与种植业、养殖业、手工业、商业的状况

两晋南北朝前期，北方由于政治动荡，民变频发，社会不安，各族政权走马灯般变换。这些政权中许多都是由刚刚内迁的少数民族所建立，推行的举措和行为带有很强的落后和野蛮的特征，结果往往是"人力凋残，百姓愁悴"④，"上下离德，百姓思乱"⑤，社会经济时好时坏，甚至一度出现了耕地荒废和牧场化的倒退景象。后期，北方少数民族完成从游牧民族到农耕民族的身份转

① 朱绍侯. 中国古代史（上册）［M］. 福州：福建人民出版社，2000.
② 同②
③ 同②
④ 〔唐〕房玄龄等. 晋书·卷八七·凉后主歆传［M］. 北京：中华书局，1974.
⑤ 〔唐〕房玄龄等. 晋书·卷一二四·慕容宝载记［M］. 北京：中华书局，1974.

化，社会上层逐渐完成封建化，仿效汉族地主阶级建立了封建政权，生产秩序才得以慢慢稳定，经济逐渐恢复和发展起来。相比而言，南方统治阶级比较有治理经验，且社会秩序相对稳定，所以江南经济有了比较大的进步。在三国孙吴对江南初步开发的基础上，南北朝时期，据沈约的《宋书》记载，江南已经"地广野丰，民勤本业，一岁或稔，则数郡忘饥。荆城跨南楚之富，扬郡有全吴之沃，鱼盐杞梓之利，充牣八方；丝绵布帛之饶，覆衣天下"。以三吴为中心的长江三角洲，是经济最发达的地区；以江陵为中心的荆州地区成为与下游扬州有同等地位的重要开发区；鄱阳湖流域的豫章地区、南方的交广地区、福建的闽江流域，都成为当时新的重要开发区①。鱼米之乡大势已成。

一、种植业

北魏孝文帝改革后，北魏的农业有较大的发展。农民在长期的生产实践中，积累了平整土地、选种育种、播种、田间管理、抗旱保墒，以及施肥灌溉、作物轮栽等方面的丰富经验。太和十四年时，关中大旱，地方官高闾上表说：即便"一岁不收，未为大损"②，不会有大的影响，可见当时粮食储备已比较充足。孝文帝末年，"公私丰赡，虽时有水旱，不为患也"③。神龟末年，即便政治腐败，阶级矛盾尖锐，但"府藏盈溢"，官仓依然充实。北魏后期的农业技术也有较大的提高，从贾思勰《齐民要术》可知，北魏农业技术有许多创新，如绿肥的使用，根据土壤墒情来耕作，种子保纯防杂和水选、溲种（拌种）等处理技术，水稻催芽技术以及轮种和复种，果树栽培和嫁接等。《齐民要术》载，当时的稻谷亩产量在四斛甚至高达十斛，远超汉代亩产三斛的水平。

① 冯君实. 六朝时期南方的开发. 载吉林师范大学报编辑部编《中国古代史论文集》.
② 〔北齐〕魏收. 魏书·卷五四·高闾传 [M]. 北京：中华书局，1974.
③ 〔北齐〕魏收. 魏书·卷一一〇·食货志 [M]. 北京：中华书局，1974.

图 7-1　稻田车水图

　　三国以后，中原精耕细作的农耕技术在南方得到推广，并普遍应用耦耕法。东晋时，河内人郭文将区田法传入南方①，南方已开始使用粪肥。水稻栽培技术有了提高，东吴时已出现两熟，东晋后更有"冬种春熟，春种夏熟，秋种冬熟"的"三熟之稻"②。麦的种植推广到南方，东晋和刘宋时都曾推广种麦：大兴元年（公元318年）诏："徐、扬二州，土宜三麦，可督令旱地，投秋下种"③；元嘉二十一年（公元444年）诏："南徐、兖、豫及扬州浙江西属郡，自令悉种麦，以助阙乏"④；大明七年（公元463年）诏："近炎精亢序，

　　①　〔唐〕房玄龄等．晋书·隐逸传［M］．北京：中华书局，1974．
　　②　〔唐〕房玄龄等．晋书·郭义恭《广志》［M］．北京：中华书局，1974．
　　③　〔唐〕房玄龄等．晋书·食货志［M］．北京：中华书局，1974．
　　④　〔南梁〕沈约．宋书·文帝纪［M］．北京：中华书局，1974．

苗稼多伤。今二麦未晚，甘泽频降，可下东境郡勤课垦殖，尤贫之家量贷麦种。"① 麦类在南方逐渐成为仅次于水稻的农作物，而北方的农作物主要以谷类、豆类、大麦和小麦为主。农作物的品种较多，比如《广志》中记载水稻有 13 种，《齐民要术》中记载水稻多达 24 种，粟在西晋时已有 12 种，北魏时则发展到 86 种。据北魏《齐民要术》记载，当时人们日常食用的粮食作物主要有谷、大麦、小麦、绿豆、穄、黍、粱、大豆、小豆、水稻、旱稻等。

蔬菜、水果的种植有所发展。南北朝时梁朝人范元琰"家贫，唯以园蔬为业"，东晋孝武帝修建新宫时让人"城外堑内并种橘树，其宫墙内则种石榴"，说明当时果蔬种植业很受重视。这一时期普遍栽培的蔬菜有茄子、葵菜、韭菜、蔓菁（芜菁）、芹菜、芦藤（萝卜）、芋头、菜瓜、胡瓜（黄瓜）、冬瓜、瓠、蘑菇、芸苔（今油菜的一种）、胡荽、兰香、紫苏、苋菜、蓼、薤白、竹笋、藕、蒿等。果类有枣、葡萄、杏、梅子、柿子、木瓜、桃、李、梨、栗、榛、沙棠、柰、安石榴、樱桃、茱萸、枇杷、林檎（黑檎）、龙眼、荔枝、桑葚、芭蕉、枳、杜梨、柑橘、杨梅、椰子、橄榄、甘蔗、柚、槟榔、芋等。因为南北方气候的差异性，各地适合种植的水果种类也有所不同，何晏《九州论》载："安平好枣，中山好栗，魏郡好杏，河内好稻，真定好梨。"可见，这一时期不仅果类数量丰富，地域性种植也较为普遍。

二、养殖业

北朝的养殖业明显带有游牧民族的色彩和影响。北魏拓跋珪在"离散诸部、分土走居"时，鉴于部分游牧民族如漠南的高车、秀容川（今山西原平一带）的尔朱氏、善无城（今山西左云）的库狄干氏等，刚进中原，"以类粗犷，不任役使"②，其原有生产生活方式难以改变，赐酋长以封号、封地，让其继续放牧为生，生产肉类和皮毛。北魏时期，境内有许多官、私牧场，早期

---

① 〔南梁〕沈约. 宋书·孝武帝纪［M］. 北京：中华书局，1974.
② 〔北齐〕魏收. 魏书·卷一百零三·高车传［M］. 北京：中华书局，1974.

的河西官方牧场，有马 200 多万匹，骆驼 100 多万峰，牛羊不计其数。孝文帝迁都前又在今河南境内设牧场，养战马 10 万匹①。民间牧场规模大者，如契胡尔朱荣的父亲尔朱新兴"牛羊驼马，色别为群，谷量而已"②，经常以骏马赞助朝廷征战，也以名马与显贵结交。政府设置专门机构如太仆、驾部尚书、外牧官、监御曹、都牧、典牧都尉、龙牧曹等专司畜牧，假如有司"牧产不滋（不盛）"，或者私占牧田，都会被罢黜，甚至判刑、流放。

北魏中后期，河阳的军马场和尔朱氏等人的民间牧场规模和盛况并没有受到太大影响。公元 523 年北部六镇起义后，政局混乱，官、私牧场牲畜普遍被盗抢，各类养殖渐衰。东魏、北齐时，虽有所恢复，代、忻二州设置官方马场，"悉是细马（良马），以为军用"③，但再也无法达到北魏的规模了。至于猪羊等其他家畜养殖则难以与前代比较。从南京六朝墓葬的出土来看，家禽、家畜主要是：鸡、鸭、鹅、牛、驴、猪、羊、犬、马等；鱼类主要有：鲫鱼、鲤鱼、鲈鱼、鳝鱼等。

南北朝期间，蚕桑养殖在江南得到了普遍推广。在鲜卑慕容廆通使于东晋时，优良的桑种被移植至辽东。南方的豫章、永嘉、闽中等郡养蚕技术提高，甚至出现"四熟""五熟"乃至"八熟"之蚕④，为丝织业的发展提供了物质条件。

————————

　　① 〔曹魏〕魏收．魏书·卷四四·宇文福传，及卷一一〇·食货志［M］．北京：中华书局，1974.

　　② 〔曹魏〕魏收．魏书·卷七四·尔朱荣传［M］．北京：中华书局，1974.

　　③ 〔唐〕李延寿．北史·卷五十五·白建传［M］．北京：中华书局，1974.

　　④ 隋书·地理志，太平御览卷八二五引永嘉记．

图 7-2 放牧图

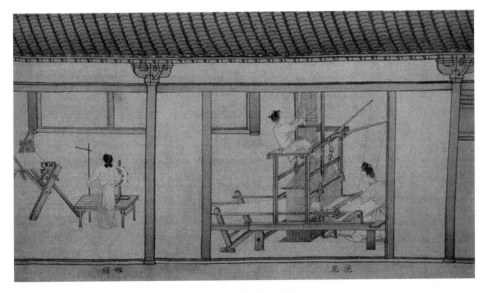

图 7-3 养蚕织布图

三、手工业

北魏初期，严格管控工商业政府经营，私养、私藏工匠，甚至会被灭族。孝文帝前后，允许民间经营纺织、冶炼、煮盐。工商业者，也由与"皂隶"

并称、不准与自由民通婚、不准衣绣、不准做官的地位，上升为等同"吏民"，并有资格上书言事甚至做官。如孝文帝时期"以行商致富"、出粟助军的商人王训就代理清河太守①。政策的变化促进了北魏后期工商业的发展。

北魏主要的手工业部门是纺织业、矿冶业和煮盐。酿造、制瓷、造纸、制革、粮食加工等行业也在发展。

1. 丝织业和毛纺织业

河北、山东是久负盛名的丝绸之乡，民间丝织品以山东的大文绫、连珠孔雀罗，河北的缟等为代表，量大精美，十分著名。魏初由于绢的生产能力差，奇货可居，一匹价值千钱，孝文帝时，跌至二百钱，可见民间丝织业产量丰富的程度。作为游牧民族出身的北魏境内鲜卑人和其他少数族人酷爱"织成"（有彩色图案的混纺织品）、毡等毛织品。北魏人以毡做襦（短衣）、袴（套裤）、鞋垫等衣物，也做毡帐（帐篷），大的毡帐能容纳千人，可见毛纺业的成就。

2. 冶铁业

冶铁业最为发达。冶铁主要铸造农具、兵器，相州（河南安阳）、牵口（河南浚县北）所产钢刀都收入官府的武库。少数民族也掌握了冶铸工艺，东魏时一个名叫綦毋怀文的匈奴人烧铁炼钢，锻造的宿铁钢刀锋利坚韧，水平很高——"烧生铁精以重柔铤，数宿则成钢。以柔铁为刀脊，浴以五牲之溺，淬以五牲之脂，斩甲过三十札"②。

3. 盐业

北魏政府的收入大量来自发达的制盐业，产品有海、白、黑、胡、戎、赤、臭、马齿等九种品类，用途各自不同，食用或药用不相混淆。安邑（山东运城）有盐池"朝取夕复，终无减损"③，已得到利用。

---

① 〔北齐〕魏收. 魏书·卷七上·高祖纪上［M］. 北京：中华书局，1974.

② 〔北齐〕魏收. 魏书·卷一一〇·食货志［M］. 北京：中华书局，1974.

③ 〔北魏〕郦道元. 水经注·卷六·涑水注［M］. 陈桥驿，译注. 北京：中华书局，2009.

4. 酿造业

酿造业包括酒及其他饮料的生产。首先是酪浆成为时尚饮品，并可制成甜乳、酸乳、干酪、漉酪等各类奶制品。酒的品种也有增加，除传统的清酒、浊酒外，葡萄酒、毕拨酒、马奶酒等带有胡汉融和特点的酒类也深受欢迎。其中毕拨酒的制作方式比较独特，它是用干姜、胡椒、石榴汁与酿制好的酒混合制作而成。《齐民要术》详细记载了其酿造方法："以好春酒五升，干姜一两，胡椒七十枚，皆捣末，好安石榴五枚，押取汁。皆以姜、椒末，及安石榴汁，悉内茗酒中，火暖取温。亦可冷饮，亦可热饮之，温中下气……，此胡人所谓毕拨酒也。"

南方手工业也有很大的发展，冶炼、纺织、瓷器、造船和造纸最有代表性。

1. 冶铁业

东晋初年，会稽郡民为逃避沉重的赋役，从海路流亡广州，刺史邓岳大开冶铸[①]。炼钢技术提高，不仅有"百炼钢"的锻钢技术和热处理"淬法"，还出现了萧梁时丹阳秣陵（今南京）人陶弘景发明的"灌钢"新技术，即在炉中杂置生、熟铁，生铁熔后灌入熟铁，反复加热锻炼去除杂质，使之成为较纯的钢铁，可造刀剑，也可做锄镰。齐、梁时建康有上虞人谢平和皇室匠师黄文庆在茅山（江苏句容县）为皇室造出两批高级刀剑，两人齐名"中国绝手"。丹阳郡铁岘山、郯县三口山、江爰冶塘山都是储量丰富的铁矿，也是冶铸的重要基地。浮山堰决口，梁武帝用数千万斤铁堵塞淮水以克洪水，可见南朝的铁产量达到了相当的规模。

2. 纺织业

东晋以后，江南地区逐渐成为除齐、蜀之外的新兴纺织业中心。南方葛麻制品有越布、香葛、西葛、南布、花练等品种，质量不断提高，高级织品织造

---

① 〔唐〕房玄龄等．晋书·庾亮附弟翼传〔M〕．北京：中华书局，1974.

极为精巧，刘裕曾憎其"精丽劳人"而下令禁织。史载，南朝末年还出现了"夜浣纱而旦成布"的"鸡鸣布"①。刘裕灭后秦姚兴时，曾将大批关中锦工迁往江南，设锦署于建康，为后世金陵织造业的崛起做了准备。

3. 陶瓷业

根据《文物考古工作三十年》载，南北朝大部分墓葬都有青瓷出土，最集中的在浙江、江苏两地。青瓷器在烧造工艺和造型技巧上都有不小的进步。南京栖霞山甘家巷出土的褐斑或褐釉瓷器前所未见；宜兴周鲂、周处、周𤣥墓出土的青瓷神兽尊等也是极尽巧能；南京出土的东晋青瓷四系罐、羊首双复系盘口壶、青瓷天鸡壶、青瓷莲花尊，镇江出土的青瓷扁壶，苏州出土的青瓷人物飞鸟罐等造型也都非常美观别致②。1972 年 3 月在镇江市郊东晋墓出土的青瓷博山炉，通高 20.8 厘米，呈青绿色，釉色滋润，炉盖分为三层，每层五峰，山峰重叠、交错排列，在二、三层的峰后有十个镂空烟孔，圆顶上附扁平半球钮，下部由腹、承柱和盘组成，高 10.3 厘米，腹半球形，腹间有平行弦文两组，承柱矮，承盘平底，十分瑰丽多姿③。

4. 造纸业

南朝的造纸业很发达，纸的类目众多。南朝浙江郯县和余杭由拳县的工匠利用当时南方所产的桑皮、藤皮作原料，制作出藤皮纸，质量上乘。南朝还有青、赤、缥、绿、桃花等各色彩纸，齐朝建康城"银光纸"更负盛名，纸的产量也大为提高。谢安曾一次获王羲之所赠 9 万张纸。桓玄明令废除竹简，就是造纸业兴盛所发挥的作用。

5. 造船业

东晋、南朝的造船业，继承了三国孙吴的成就并继续发展。刘裕攻灭后秦时，蒙冲小舰溯渭水而上，秦人只见船行而不见人划桨，"莫不惊以为神"④。

---

① 〔唐〕魏徵等. 隋书·地理志［M］. 北京：中华书局，1973.

② 《文物》月刊编辑委员会. 《文物考古工作三十年》江苏部分. 文物出版社，1979.

③ 《文物》，1973 年第 4 期.

④ 〔唐〕李延寿. 南史·王镇恶传［M］. 北京：中华书局，1975.

卢循起义时也曾"作八漕舰九枚，起四层，高十余丈"①。萧梁时江东有军船千余，最大的"两边悉八十棹，棹手皆越人，去来趣袭，捷过风电"②。南朝时还能建造载重 2 万斛的大船，比东吴时期的海船大了一倍。

图 7-4 南朝青瓷

---

① 〔唐〕虞世南．北堂书钞［M］．北京：国家图书馆出版社，2014.
② 〔隋〕姚思廉．梁书·王僧辩传［M］．北京：中华书局，1973.

图 7-5　南朝青瓷

图 7-6　北朝铁鼎

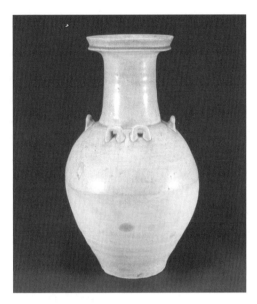

图 7-7　南朝青瓷

四、商业

北魏后期，商业也有发展，出现了平城、洛阳及东西重镇邺城、长安等繁华的商业中心。都城洛阳就有"大市"、"小市"和"四通市"三市。其中大市"周回八里"，内设通商、达货、调音、乐律、延酤、冶觞、慈孝、奉终、阜财、金肆等共"十里"（居住区），里内富户云集，"千金比屋，层楼对出，重门启扇，阁道交通，迭相临望"。最富的商人刘宝，富埒王侯，"产匹铜山，家藏金穴"[1]，在各州郡治开设分号，"舟车所通，足迹所履，莫不商贩"[2]，时人云：四海奇货，莫比刘家。

商贸利益丰厚，吸引了诸多贵族、官僚投身商业，并到江淮一带和南朝互

---

[1]　〔北魏〕杨衒之. 洛阳伽蓝记·卷四·法云寺〔M〕. 北京：中华书局，2012.
[2]　同[1].

市。其中有"贩肆聚敛，家资巨万"的官僚李崇，"剥削六镇，交通互市，岁入利息，以巨万计"①的宦官刘腾。北魏境内西域、中亚、朝鲜、日本商人数量很多，洛阳就有万余家胡商②。不过北魏的商业，货币流通水平很低，长期使用绢布、谷物作为等价物。钱币"专贸于京邑，不行于天下"③，但吐鲁番、库车、西宁、太原、陕县等地都发现过拜占庭金币、波斯银币，说明北魏同西方的确存在发达的贸易关系。

南朝方面，长江横亘东西，沟通长江上中下游的益、荆和扬三州。布局成网的运河将建康与河湖湾汊密布的太湖流域及浙东连为一体。孙吴所建的破岗渎（隋代江南运河的前驱），"晋宋齐因之"④。政治中心建康由于其交通地位，而与江陵、夏口（今汉口）、京口（镇江）、广陵（扬州）等一起，成为财富货物集散地，"贡使商旅，方舟万计"⑤。萧梁时，建康"城中二十八万户，东西南北各四十里"⑥，约140万人，当是南北朝时期最大的城市。三吴的经济中心山阴、南北贸易中心寿春、新兴的商业城市豫章、国际贸易口岸番禺、士族云集的永嘉郡都较繁荣。东晋南朝与外国的经济文化交流也有进展。1970年1月，南京市新民门外象山东晋王氏墓地7号墓，出土了一枚镶嵌金刚石的金指环和两只玻璃杯，金刚石直径仅1.5毫米，说明晋代已有金刚石指环输入中国，为当时中外交流提供了最有力的实物佐证⑦。

---

① 〔北齐〕魏收. 魏书·卷九四·刘腾传〔M〕. 北京：中华书局，1974.
② 〔北魏〕杨衒之. 洛阳伽蓝记·卷三·龙华寺〔M〕. 北京：中华书局，2012.
③ 〔北齐〕魏收. 魏书·卷一一〇·食货志〔M〕. 北京：中华书局，1974.
④ 〔唐〕许嵩. 中国史学基本典籍丛刊：建康实录. 卷二〔M〕. 北京：中华书局，1986.
⑤ 〔南梁〕沈约. 宋书·五行志〔M〕. 北京：中华书局，1974.
⑥ 〔北宋〕乐史. 太平寰宇记·卷九〇引金陵记〔M〕. 北京：中华书局，2007.
⑦ 《文物》，1972年第11期.

第四节 社会饮食业状况

社会饮食业是以城市为中心形成发展的，城市的人口、交通、市场决定着饮食业的规模，但城市繁荣与否又是建筑在整个国家的政治、经济、文化发展水平的基础之上的。从西晋立国到南北朝结束三百多年的时间里，五胡乱华、衣冠南渡、改朝换代、战乱不息，在这样的背景之下，西晋与南北朝的社会饮食业呈现出如下一些特点。

一、稳定的中心城市对社会饮食业的需求增加

酒类是京师及区域中心城市酒肆、酒家营销的核心产品，但其销售又受政治、经济环境的影响。虽然各代都有在灾荒歉收的年景或政治动乱时的禁酒令，但禁酒令常常遭到官僚阶层和既得利益者的反对。而且，京师和区域中心城市商业、贸易的发展都有对酒的需要。据《洛阳伽蓝记》载："伊洛之间，夹御道，东有四夷馆……；道西有四夷里，一曰归正，二曰归德，三曰慕化，四曰慕义……；市东有通商、达货二里，里内之人，尽皆工巧屠贩为生，资财巨万……；市南有调音、乐律二里，里内之人，丝竹讴歌，天下妙伎出焉……；市西有延酤、治觞二里，里内之人，多以酒为业……"当时洛阳的里坊划分非常整齐，一个里坊有500~1000户人家。由此可知，当时专业从事酿酒业者的人数之多，亦可见需求之巨。故每当社会局势稳定，京师和区域中心城市的社会饮食业都会有较大的发展。洛阳如此，建康亦如此。

二、战乱与迁徙对社会饮食业的促进

五胡乱华、战乱纷争、衣冠南渡，西晋和南北朝是中国人口的大迁徙时期，在原有的社会秩序和生活方式被改变的情况下，迁徙的人群、失去土地和住所的群体对社会饮食业的需求必然提高。外来的胡人、南迁的汉人都有在新的地区满足固有的饮食习惯的要求，故原只有开设在城市的酒肆、酒家出现在乡村和道旁。东晋陶渊明隐居乡间，"颜延之为刘柳后军功曹，在浔阳，与潜情款。后为始安郡，经过，日日造潜，每往必酣饮致醉。临去，留二万钱与潜，潜悉送酒家，稍就取酒"（《宋书》卷九十三《隐逸传·陶潜传》）。而谋生的需求又使许多农民和其他行业的从业者转向饮食业的经营。因此，酒家、酒肆的经营者有汉人，亦有胡人及来华经商的其他域外人士。

三、社会风气对社会饮食业的影响

曹丕《与群臣论被服书》云："三世长者知被服，五世长者知饮食。"此言一出，上行下效，尤其是西晋统一后，官僚阶层争相奢靡。何曾官拜太尉，后进太傅。《晋书·何曾传》载：其"帷帐车服，穷极绮丽，厨膳滋味，过于王者"，"日费万钱"尤云"无下箸处"。其子何劭，官至司徒，其"而骄奢简贵，亦有父风。衣裘服玩，新故巨积"。一日饮食以耗钱二万为限，食必尽四方的珍禽异兽。晋代的一万钱，相当于150~200石粮谷（《晋书·食货志》），据资料，在当时可买7只羊，10匹官布或一两黄金。北魏亦如此，元雍，献文帝拓跋弘之子，封高阳王，《洛阳伽蓝记》载：元雍"嗜口味，厚自奉养，一日必以数万钱为限，海陆珍羞，方丈于前。"当朝的尚书令李崇云："高阳一日，敌我千日。"

图 7-8 北魏饮酒壁画

图 7-9 晋代曲水流觞图

统治阶层的奢靡必然会带来政治的腐败，而政治腐败又助长奢靡。西晋的腐败和奢靡使士大夫阶层对政治失去信心，从而借酒浇心中之块垒。竹林七贤之阮籍、刘伶如此，其他士大夫亦如此。《世说新语笺疏》下卷载：阮宣子在洛阳"常步行，以百钱挂杖头，至酒店，便独酣畅"。西晋亡后，五胡乱华、百年战乱，世事无常，社会当中自然弥漫着放纵身心、及时享乐的观念。饮酒之风、嗜酒之烈达到前所未有的程度，对社会饮食业提出了极高的需求，并影响着社会饮食业的发展方向，决定着社会饮食业的业态结构和服务方式，当时和后世饮食业的歌舞伴宴、穷奢极欲恐都有此因素。

第五节　衣冠南渡、胡风汉化与烹饪文化交流

五胡乱华让中国社会、中国经济付出了沉重的代价，但从另外一个角度来说，也带来了地区之间、民族之间，以及烹饪文化交流与融和。

一、胡风汉化与烹饪文化交流

1. 饮食习俗

北魏统一中原及北方之后，鲜卑汉化、胡汉杂居，饮食方式和饮食习惯逐渐相互吸收、融合。《洛阳伽蓝记》记载：南朝士族王肃出仕北魏后饮食习惯改变："肃初入国，不食羊肉及酪浆等物，常饭鲫鱼羹，渴饮茗汁。……经数年已后，肃与高祖（北魏孝文帝）殿会，食羊肉酪粥甚多。高祖怪之，谓肃曰：'卿中国之味也，羊肉何如鱼羹？茗饮何如酪浆？'肃对曰：'羊者是陆产之最，鱼者乃水族之长。所好不同，并各称珍。'"这是汉人接受胡人食俗。

而乳酪传入中原地区，经历了一个由北而南，自上而下，由贵族到大众的过程。永嘉之乱后，黄河流域大片荒芜的土地变成了牧场，畜牧业发展很快，乳酪产量不断提高，其食用亦即逐步普及开来。随着北方士族的南迁，南北饮食文化的交流，乳酪逐步被南方士人阶层所接受。《世说新语·排调》载：陆太尉诣王丞相，王公食以酪，陆还遂病。明日与王笺云："昨食酪小过，通夜委顿。民虽吴人，几为伧鬼。"《世说新语·言语》还记载了一段陆机与王武子关于乳酪的对话：陆机诣王武子，武子前置数斛羊酪，指以示陆曰："卿江东何以敌此？"陆云："千里莼羹，但未下盐豉耳！"但是，直至南朝灭亡，乳酪仅在南方的上层社会流行。

胡人同样接受汉人食俗，胡人在向汉族学习五谷杂粮、瓜果蔬菜种植技术的同时，也逐步将五谷杂粮作为主食，取代肉食成为其日常饮食的主要部分。洛阳城南的四夷馆和四夷里居住着大量的南人、汉人，邻近的四通市被称为"鱼鳖市"，他们的饮食习惯也影响着整个洛阳。其时的民谣称："洛鲤伊鲂，贵于牛羊"，这是孝文帝迁都洛阳，汉化以后，受汉族饮食习惯的影响，鲜卑人也开始食用鱼类的结果。但北魏统治者自认是中国正朔，亦常常嘲讽南朝之食。《洛阳伽蓝记》卷二有陈庆之讥讽南朝不过是"菰稗为饭，茗饮作浆"而已，卷三则蔑称茶是"酪奴""水厄""自是朝贵宴会，虽设茗饮，皆耻不复食，惟江表残民远来降者好之"。

《齐民要术》中还载：胡人在烹饪牛羊肉时加入米和面，他们在进入中原前是"未知粒食"，更不以米、面为配料，这一饮食方式的改变显然是受到了汉族饮食的影响。

2. 饮食器具

在饮食方面，以貊盘、胡床为代表。东晋干宝《搜神记》载："胡床、貊盘，翟之器也；羌煮貊炙，戎翟之食也。自太始以来，中国尚之。贵人富室，必畜其器，吉享嘉宾，皆以为先。"《晋书·五行志》又载："晋武帝泰始后，中国相尚用胡床、貊盘，及为羌煮、貊炙。贵人富室，必置其器，吉享嘉会，皆此为先。"貊盘多用来盛肉或者供奉神灵，形状多样，有圆形、椭圆形、长方形等。貊盘又分为有足和无足两种。有足的貊盘，盘底有一足、两足、三足、四足等。河西地区胡汉交流频繁，人们常食胡食。河西魏晋墓葬壁画砖中侍女手捧应为貊盘，此类貊盘无足，底沿。高台县博物馆藏有一个骆驼城出土的长方形木盘，其形制与貊盘相似，带有雀尾，两唇上翘，与河西魏晋壁画中的长方形盘相似。现今，河西武威农村地区在人数较多的宴饮场合还会使用类似貊盘的长方形大盘盛放食物。

3. 烹饪技术和产品

胡汉民族在逐步交流中学习和吸收对方民族传统的烹饪方式和制作方法，并不断融和、创新。最为有名的就是"羌煮貊炙"。"羌煮"是西北羌族之法，北魏贾思勰《齐民要术·羹臛法》载："羌煮法：好鹿头，纯煮令熟，著水中，洗治，作脔如两指大。猪肉琢作臛，下葱白，长二寸一虎口。细琢薑及橘皮各半合，椒少许。下苦酒、盐、豉适口。""貊炙"是貊人传来的一种烹饪方式，即将整只动物置于火上进行烤炙。胡炮肉是一道从胡地传入的菜肴，《齐民要术·蒸缶法》中介绍了胡炮肉的制法，"胡炮肉法：肥白羊肉——生始周年者，杀，则生缕切如细叶，脂亦切。著浑豉、盐、擘葱白、姜、椒、毕拨、胡椒，令调适。净洗羊肚，翻之。以切肉脂内于肚中，以向满为限，缝合。作浪中坑，火烧使赤，却灰火。内肚著坑中，还以灰火覆之，于上更燃火，炊一石米顷，便熟。香美异常"。

胡饭法是"以酢瓜菹长切，䐑炙肥肉，生杂菜，内饼中急卷。卷用两卷，三截，还令相就，并六断，长不过二寸"。这是将肉菜用饼卷再刀切成段的食法。灌肠炙是"取羊肠盘，洗净治。细到羊肉，令如笼肉。细切葱白，盐、豉汁、姜、椒末调和，令咸淡适口，以灌肠。两条夹而炙之，割食，甚香美"。乳饼是用牛奶或羊奶和面粉制成的，髓饼则是以牛、羊等动物的骨髓加上蜜和面粉制成的。《齐民要术》中记载了髓饼的做法："髓饼法：以髓脂、蜜，和面。厚四五分，广七八寸。使著胡饼炉中，令熟。勿令反覆。饼肥美，可经久。"还有以羊肋、羊肉为主料，以葱头、胡荽、安石榴汁为调料制作的带有西域风味的胡羹传入中原，人们以姜、桂皮做香料去除膻腥之后食用。

二、南北之间烹饪文化交流与融和

1. 烹饪原料

衣冠南渡后，北方旱田作物开始南移，南方政权也在大力推广种植北方粮食品种。东晋政府曾以法令推广种麦，太兴元年（公元 318 年）下诏"徐、扬二州，土宜三麦，可督令旱地投秋下种。至夏而熟，继新故之交，予以周济，所益甚大"（《晋书》卷 26《食货志》）。刘宋也有同样的诏令，元嘉二十年（公元 444 年）令"南徐、兖、豫及扬州，浙江西属郡，今悉督稻麦，以助阙乏"（《宋书·孝武帝记》）。麦的种植得到了推广，大豆在长江流域也开始有小面积种植，南齐时大臣徐孝嗣上书建议在淮南屯田"力事菽麦"（《南齐书·本传》）。南朝刘宋，谢氏大族谢灵运在《山居赋》中也提到他的庄园里有这些作物，赋云"送夏蚤秀，迎秋晚成。兼有陵陆，麻麦粟菽。候时觇节，递节递熟。供粮食与浆饮，谢工商与衡牧。生何待于多资，理取足于满腹。"《休书》载：会稽山阴郭原平在宋文帝死后，为表示哀痛，日食麦饼一枚，如此五日。齐梁间人贺琛，会稽山阴人，家贫，常往还诸暨贩粟以养母。可见，会稽一带早以粟麦为主食。南齐时，傅琰为会稽令，二人争鸡，琰各问何以食鸡，一人云粟，一人云豆。乃破鸡得粟，罪言豆者。由粟已成为家禽饲料，可知北方作物在会稽的普及。

2. 饮食习俗

饮料中的酒、茶、酪浆。酒是南、北均有的饮品，而茶和酪浆则成为了这一时期南北方饮料的区别。西晋以后是由药物而渐转变为人们日常饮料的阶段，也是饮茶风气逐步形成的时期。《广雅》中记述了茶的制作与饮用过程，"荆、巴间采叶作饼，叶老者，饼成以米膏出之。欲煮茗饮，先炙令赤色，捣末置瓷器中，以汤浇，覆之，用葱、姜、橘子芼之。其饮醒酒，令人不眠"。

左思的《娇女诗》记述其女急于喝茶之态，"止为茶荈据，吹嘘对鼎立"。市场上已有茶售，晋惠帝时太子司马遹指使属下贩卖茶、菜等物，太子洗马江统曾上疏予以劝谏。在洛阳市场上还有蜀地的老妇贩卖茶粥，被市中官吏破其器物，引起纠纷。八王之乱爆发后，晋惠帝被胁出走，颠沛流离，"有一人持瓦盂承茶，夜暮上至尊，饮以为佳"。西晋战乱后，任瞻从中原避难到江南，王导与诸名士到石头城迎接，坐下就设茶饮。东晋以后，南方饮茶已成风气，茶也逐渐成为招待客人的必备饮料，"寒温既毕，应下霜华之茗"。

酒则是这一时期最流行的饮料。这与当时的社会风尚是联系在一起的，在战乱离散的时期里，人们深感生命短暂，故放纵自己，尽情享乐，酒则成为首选饮品，"何以解忧，唯有杜康"成为大部分文士的共识。东晋时期，以衡阳酃湖水酿造的绿酃酒为名酒，左思《吴都赋》载："飞轻轩而酌绿酃，方双辔而赋珍羞"。河东人刘白堕所酿的"鹤觞酒"则是北魏时期的名酒，该酒在盛夏时于太阳下暴晒一周而味道不变，"饮之香美，而醉经月不醒"，时人有"不畏张弓拔刀，唯畏白堕春醪"的说法。这一时期，西域地区继续保持酿造葡萄酒的传统，但由于战乱割据，道路交通不便，葡萄酒进入中原地区的数量极少，只有凉州地区距西域较近，饮用机会稍多。《齐民要术》中未记载葡萄酒的酿造。

3. 烹饪技术与产品

晋、南北朝时期，加工谷物的碾硙业已经非常发达。小麦加工成面粉已十分普遍，以饼为类名的面食品种大为增加，包括：胡饼、汤饼、水引饼、蒸饼、面起饼、乳饼、髓饼、白环饼、细环饼、截饼、豚皮饼等。其烹饪技法多样，但南北基本相同。

胡饼原为北方少数民族的食物，汉代传入中原。东汉灵帝刘宏喜好胡饼，遂使之成为京师洛阳人的日常饮食。胡饼在江南地区也颇为流行，东晋初郗鉴派使者到琅琊王氏家中选婿，王氏诸子都修饰整齐，只有王羲之坦腹东床，自食胡饼，遂被郗鉴选中。胡饼因其上加有胡麻，后又名为麻饼。

汤饼亦称餺飥，晋人束晳《饼赋》云："玄冬猛寒，清晨之会，涕冻鼻中，霜成口外，充虚解战，汤饼为最"。水引饼做法是"按如箸大，一尺一断，盘中盛水浸，宜以手临铛上，接令薄如韭叶，逐汤煮"。然后再与汤饼一样，拌上肉汁或鸡汁即可。南朝齐的开国皇帝萧道成喜食水引饼，在任领军时，常到司徒左长史何戢家中，"上（即萧道成）好水引饼，戢令妇女躬自执事以设上焉"。

从以洛阳为中心的汉文化发达地区的中原士民对南方烹饪文化的影响和作用来看，文化相互作用的普遍规律是，只有既有较高文化和技能，又有足够的政治和经济地位的移民或移民集团，才能在传播先进文化的同时，融和当地文化，才能促进迁入地的经济和文化的进步。只有这样，中国烹饪文明才能够在南渡以后持续发展、昌盛。

图 7-10　魏晋壁画貊盘进食图

图 7-11　魏晋壁画烧煮图

图 7-12　魏晋壁画貊盘进食图

图 7-13 魏晋壁画烹饪图

第六节 《南方草木状》《食珍录》 《齐民要术》的烹饪经验

晋与南北朝期间成书的《南方草木状》《食珍录》《齐民要术》是对自然界的认识和对烹饪活动的总结，其中有调研、有经验、有理论。《齐民要术》的作者贾思勰为官期间，到过山东、河北、河南等地，均非常重视农业生产，并亲自从事农业生产实践，进行各种实验，总结出了许多宝贵经验。《食珍录》的作者虞悰是南朝余姚虞氏家族中的著名人物。《南齐书》载："悰善为滋味，和齐皆有方法"，能快速烹制出数十款菜肴。其记载的"饮食方"，有当时流传的名肴之方，亦有其独创之方，是经验的总结。《南方草木状》是作者嵇含在军旅生涯中悉心咨访当地风土习俗，所记录、整理、编辑而成的。可以说，在一个以分裂与战乱为主题的时代，在民族融合、文化交流的背景下，此三人心血之作中的经验与理论，对后世的中国烹饪有着重要的参考价值和指导意义。

一、对烹饪原料及其加工的认识和总结

在《南方草木状》中，记载了岭南地区热带、亚热带植物，共分为草、木、果、竹四大类，其中草类 29 种、木类 28 种、果类 17 种、竹类 6 种，共80 种。该书对每种植物的记述详略不一，各有侧重，一般介绍其形态、生态、功用、产地和有关的历史掌故，是研究古代岭南植物分布和原产地的宝贵资料。书中所记载的在浮苇筏上种蕹菜的方法，是世界上有关水面栽培（无土栽培）蔬菜的最早记载。利用黄猄蚁防治柑橘害虫，则是世界上最早的生物防治方法，在闽粤一带果农中沿用至今。

《齐民要术》共九十二篇，其中涉及饮食、烹饪的内容占二十五篇，包括造曲、酿酒、制盐、做酱、造醋、做豆豉、做齑、做鱼、做脯腊、做乳酪、做菜肴和点心。列举的食品、菜点品种约达三百种，烹饪方法二十多种，有酱、腌、糟、醉、蒸、煮、煎、炸、炙、烩等。由于晋、南北朝时期的饮食烹饪著作基本亡佚，《齐民要术》的这些记载就更加弥足珍贵。《齐民要术》还反映了中国广大地区特别是黄河中下游地区的汉族、少数民族的饮食习惯。如黄河流域的人喜食鲤鱼；沿海地区的人喜食"炙蛎"；少数民族人喜食"胡炮肉""羌煮""灌肠"；吴人喜食腌鸭蛋、莼羹；蜀人喜食腌芹等。对于素食，在《齐民要术》中独树一帜地有专节记述。

二、对选料严谨、分档取料的经验总结

《齐民要术》中有根据烹饪的要求严格选料、分档取料，并进行比较精细的初步熟处理的经验总结。

在《养鹅鸭》篇中要求：供肉用的子鹅或子鸭，子鹅要百日以外的，子

鸭要六七十天的为好，如果超过这个时间则肉硬难用。在《作鱼酱》篇中，则以鲤鱼、鲭鱼为第一，醴鱼也可以，而鲚鱼和鲇鱼就要整条地烹制了。鱼脍，则要长一尺者为第一好，但是如果太大，就皮厚肉硬而不好吃了，只能做鲊鱼了。做鲊鱼则越大越好，瘦鱼更好，因为肥鱼虽味美但不耐久；凡长尺半以上皮骨坚硬不堪作脍者，都可以作鲊。做脯法指出要用牛、羊、鹿肉之精者，同样因为杂肥腻者不耐久。在脍鱼莼羹法中，对于选料讲得更为具体严格了。在羹里放的菜，莼为第一，四月里只有茎而未生长出叶的"雉尾莼"为第一好，到了五六月，莼叶舒展的"丝莼"品质也较好，到了秋季莼就不宜食用了。选丝莼要选在陂池种的，色黄肥好，如果选取野生而色青的，就要经过处理才可食用。此外，在做醴鱼臛法和鲤鱼臛法中都强调用大的。胡炮肉法中指出要选用刚到一岁的羊的肥白肉。在做奥肉法中指出要把两岁以上的猪养肥后腊月杀用，原因是两岁以内的猪"肉未坚，烂坏，不任作也"。

分档取料主要有以下几个方面，一是为了保藏，或为了味道更好把肉和脂肪分开用，如在做酱法时指出要把现杀的牛、羊、鹿、兔肉的脂肪去掉，因为"合脂令酱腻"；二是做有的菜肴时，把近骨的鱼肉弃之不用，如用鲤鱼做鱼鲊时便是如此，因其"生腥不堪食"；三是畜产品大小不同，选取的部位也不同，如做棒炙时，如果用大牛则可以用脊肉，用牛犊则用脚肉也可以。

三、精细加工（包括原料初加工和初步熟处理）

《南方草木状》中记载了一些食物的加工、食用方法。除了生食以外，许多食物要经过加工制作，其方法有干制、渍藏、蒸煮等，渍藏又有盐渍、蜜渍等。干制，如豆蔻，"曝干，剥食"。槟榔，"并壳取实曝干之，以扶留藤、古贲灰合食之，食之即滑美"。渍藏的方法最为多样，盐渍，如廉姜，"削皮，以黑梅并盐汁渍之，则成也"。蜜渍，如人面子，"以蜜渍之，稍可食"，有的与蜜同煮可以改善滋味，如刘树子，"其味醉，煮蜜藏之，仍甘好"。有的被加工成糁（即蜜饯果品），如益智，"子内白滑，四破去之，取外皮，蜜煮为糁"。有的可以蒸食，如甘薯，"蒸蓄食之，味如薯菠"。有的可以做饮料，如诃梨勒，"可作饮"。

初步熟处理即把经过初步加工的烹调原料放在水中或油中进行初步加热，使其半熟或刚熟，以备正式烹调使用。原料经过初步加热处理，可以去掉其中的血污、腥膻或其他杂味，减少烹调时间，便于切配成形。在《齐民要术》中首先谈到的初步熟处理技术是煠，相当于现在的焯，是放在开水里略微一煮即打捞出来。例如《齐民要术·种胡荽第二十四》中指出做胡荽法即把胡荽放在汤中煠一下，其目的在于去其苦涩和腥恶的气味。同篇还指出如做菹者，"亦须煠去苦汁，然后用之"。在《羹臛法》中指出，做脍鱼莼羹时，如取野生的莼，须先在汤中煠一下然后用，如果不煠，味道苦涩不中用。看来当时对于蔬菜中带有苦味、涩味或其他异味，一般已采用煠的方法了。对于畜禽类和水产类原料，《齐民要术》中大多是采取比煠时间更长一些的煮的方法。至于菜肴的烹饪方法，则多达二十多种，有酱、腌、糟、醉、蒸、煮、煎、炸、炙、烩、熘、熠、绿等。另外，书中详细记录的两种面点发酵法，在我国面点史上也占有重要一页。

四、讲究制作规范

讲究制作规范从《食珍录》中便可见一斑。《食珍录》是我国古代饮食专著之一，《食珍录》一书，与崔浩的《食经》并称为南北高门士族的饮食学代表作。它收集记录了魏晋以来帝王名门家族珍贵的烹饪名肴，如邺中鹿尾等。有一次豫章王萧嶷曾盛馔享宾，谓惊曰："今日肴羞，宁有所遗不？"惊曰："恨无黄颔臛，何曾《食疏》所载也。"可见虞惊对何曾的饮食学名著《食疏》的内容烂熟于心，因而魏晋以来的名肴珍馔自然成为《食珍录》的重要内容之一。

《食珍录》的另一重要内容是关于各种肴馔的"饮食方"，即对烹饪原料与烹制方法、程序，以及某些食疗方的介绍。如"浑羊没最为珍食，置鹅于羊中，内实粳肉五味，全熟之"。写明了这道菜肴的原料、烹制方法及其过程。据《南齐书》记载，虞悰掌握了许多饮食方，秘不示人，甚至连皇帝亲自讨要，也不肯给。后来，齐世祖醉后身体不适，他就献出了醒酒鲭鲊方，此后这个方子便在社会上广泛流传开来。隋人谢讽的《食经》中即收录有用多种鱼肉合制而成的"虞公断醒"。

五、烹饪技术的融和

《齐民要术》中把晋、南北朝时期的烹调方法分为六大类。第一类是"羹臛法"，羹即有较多芡汁的荤素菜羹，臛即独烧而有芡汁的荤菜；第二类是蒸焦法，蒸即用蒸笼或釜甑蒸，焦即炖；第三类是煎消法，即熟料另外加汤的烩制，煎即煎熬，消即斫碎调和后加油炒熟；第四类为菹绿法，是腌、拌之法；第五类为炙法，即炙烤；第六类为奥糟苞法，奥即过油，糟即糟制，苞即茅苞肉。这六大类又分为若干小类，是当时域内、域外各方烹饪技术的集合。几种代表性的菜肴如下。

1. 胡炮肉

将一岁左右的肥白羊宰杀后，立即趁新鲜取适量的肉切成细片，羊油也切碎，加上整颗豆豉、盐、撕开了的葱白、生姜、花椒、胡椒调和到口味合适。将两只羊肚洗净翻过来，把切好的羊肉和调好的羊油塞进羊肚里，装到快满时缝好。接着在地上挖一个坑，用火把坑烧红，除掉灰和火，把包有羊肉、羊油的羊肚放到坑里，用灰盖上，然后在灰上烧火，烧到一顿饭的时候，就成功了，"香美异常，非煮炙之例"。

2. 捣炙（又称"筒炙"或"黄炙"）

先将鹅肉、鸭肉、獐肉、鹿肉、猪肉或羊肉研碎炒熟，调拌成有黏劲的馅，如果不黏可以加一点面粉。取一个六寸围三尺长的竹筒，把外面的青皮削去，把凸起的竹节削平。然后把肉馅敷在竹节上，下面空一段，作为手握的地方。手握竹筒在火上将肉烤熟，让它稍微干些不黏手。然后把竹筒竖在一个小碗里，将鸡鸭蛋清涂在肉上，如果不均匀，可以再涂上一些，如果再不平，就用刀削掉一些。再烤，蛋清烤干后再涂些鸭蛋黄或鸡蛋黄放到火上继续烤。如要肉呈红色，烤时可以涂些朱砂。烤时，要手握竹筒不停地转动。烤好后，把肉整筒地脱下来，切掉两头，再切成六寸长的段以供食用。

3. 饼炙

用新鲜的鱼，白鱼最好。将鱼片从脊肋上取下，由头向尾割肉，到皮为止。洗净所割得的鱼片，就在臼里舂碎舂匀，放上些姜、花椒、橘皮、盐、豆豉和匀。用竹筒或木制作圆范，每格直径四寸，里面用油涂过。把绢垫在里面，绢要和格子上下贴着，形成一个小袋形，把肉装在小袋里面，按平。然后把绢从格子里提出，把绢里包的按成饼的鱼肉，倒在油里炸熟。出锅后，趁热放在盘子上用一个小碗碗底按着使它凹下去。盛时翻转边仰过来，如果放在小碗里，则把仰过来的一面贴在碗底上。

《齐民要术》中对胡食和中国烹饪的相互影响也作了充分说明。如奶酪制品、饼食制品和菜肴制品，用米、面作配料以"作糁"，以姜、桂、橘皮作香料以去膻腥之味，如羊盘肠雌解法、羊肠羹等。寒具、环饼以牛奶、羊奶和面，粉饼也要加到酪浆里食用的胡汉结合点，反映了那个时代的共存与融和。

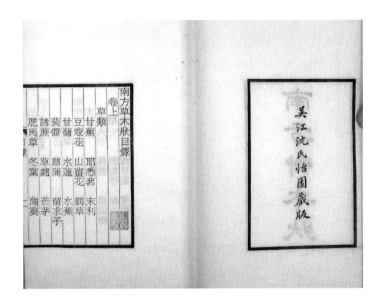

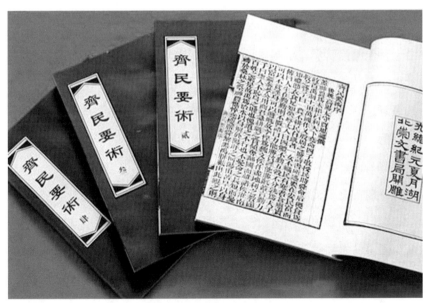

图 7-14　《南方草木状》《齐民要术》

第七节　民族融和背景下的中国烹饪体系

五胡乱华、衣冠南渡、南北对峙、民族融和是晋与南北朝时期的社会大背景。由于统治阶层的追求与影响，在人口迁徙、商业发展、交通便利等条件的基础上，中国烹饪体系总体上呈现出了新的局面。

一、专业门类

1. 官厨

由于官僚统治阶层追求厨膳滋味，以饮食而昭示身份，这个时期的官厨不仅休量大，而且技术精进，否则难以应付如何曾之类的"日费万钱、无下箸处"的奢靡。应当说，自此时起，官厨在技术方向上逐步形成自己精细、繁复的技术特色。

2. 酿酒业

这个时期官僚统治阶层好酒，士大夫群体嗜酒，平民百姓借酒浇愁。这个时期是酒类产生以后的黄金时代，也是酿酒行业自立门户后的头彩。清酒、浊酒、葡萄酒、马奶酒、调配酒种类很多。仅洛阳一地就有延酤、冶觞等酒户千家以上。

3. 酱腌业

酒业独立以后，负责醯、酱、菹、醢等生产供应。奶制品是否由酱腌业承制，尚无资料佐证。

4. 豆腐业

豆类制品很受欢迎，但尚无豆腐作坊的资料记载。

5. 屠宰业

这个时期胡人内迁，肉类的需求大，是屠宰业的兴盛期。

6. 原料加工业

畜力、水力使用，节约了人力，提高了谷物加工的水平。通过杵臼、碓、磨、碾等加工器具对谷物进行舂、磨、捣、压、过罗等手段，可以加工精、白、细的米、面。石磨的工艺水平有所提高。胡麻油的生产也在提高。

7. 社会饮食业

酒肆、酒家走出固定市场，和各类饮食摊贩一起实现了城市、乡村、通衢的全覆盖。

二、技术工种

1. 膳夫

在官厨系列中的作用日益重要，负责技术、菜品的研发，社会饮食业尚无此工种的名称见于记载。

2. 食医

仍旧存在于官厨系列，与社会上的医者作用不同，主要负责食品的健康、安全。

3. 庖人

南北朝官僚统治阶层的肉类需求量提高，负责宰杀的庖人压力增加。

4. 司灶

临灶的技法日趋繁复，对火功的要求提高，保证色、香、味、型的责任增加。

5. 案俎（红案）

不但需要负责菜肴的切配，在社会饮食业还要负责菜肴的设计，理论、技术水平均需提高。

6. 酱卤

从灶、案工种里独立出来，负责腌、卤、醢和各类香辛调味品的制作。

7. 面案（白案）

负责汤饼、胡饼、馎饦等面食、面点类制作，粥、饭制作。尚未见案、炉分工后，工种名称的记载。

8. 当炉

负责营销、服务，社会饮食业内尚无专司服务的工种名称出现。

9. 保庸

各类杂役，包括各类原料的清洗、加工。社会饮食业内未见有新的工种名称记载。

10. 洒削

社会饮食业内的刀具应该由使用人自行保养、磨砺，但尚未见记载。

三、技法

这个时期的烹饪技法在继承了前代成果的基础上，在汉、胡的烹饪文化交流中亦有变化和增加，主要是复合技法增多。《齐民要术》中列出了酱、腌、糟、醉、蒸、煮、煎、炸、炙、烩、绿、缹、腤、胜消、瀹、菹、齑、炖、冻、爡等二十余种技法，但其中糟、醉、菹、齑皆属腌制的范畴。菹和齑是两种不同成品，消是反复熬制菜肴，绿是煮后再拌而成的菜肴，冻是熬制后定型，缹、腤、瀹是煮法一种，鲭是烩的的系列。具体表现分述如下。

1. 蒸

蒸汽成熟法，可蒸肉、饼、菜。可生料蒸、熟料蒸、散蒸、容器盛装蒸。如蒸熊，《齐民要术·蒸瓶法第七十七》引《食经》曰："蒸熊法：取三升肉、熊一头，净治，煮令不能半熟，以豉清渍之，一宿。生秫米二升，勿近水，净拭，以豉汁浓者二升，渍米，令色黄赤。炊作饭。以葱白长三寸一升，细切姜、橘皮各二升，盐三合，合和之。著甑中蒸之取熟。蒸羊、肫、鹅、鸭，悉如此。一本用猪膏三升，豉汁一升，合洒之；用橘皮一升。”这种方法是先用三升肉和治净的熊一同煮，三四成熟，再用豉汁将熊浸渍一夜，然后将擦净的秫米用浓豉汁浸渍，使之成为黄色。炊成饭。接着以葱白、姜、橘皮、盐与饭混和，并与熊一同入甑，一直蒸到熟取用。又据另一《食经》的本子，蒸熊时的调料可以用猪油三升、豉汁一升，以及橘皮一升。

蒸饼，《晋书·何曾传》载：“曾性奢豪，务在华侈……厨膳滋味，过于王者……蒸饼上不坼作十字不食。”《赵录》中载：“石虎好食蒸饼，常以干枣、胡桃瓤为心蒸之，使坼裂方食。”

苞牒，是“用牛、鹿头，豚蹄。白煮，柳叶细切，择去耳、口、鼻、舌，又去恶者，蒸之。别切猪蹄——蒸熟，方寸切，熟鸡鸭卵、姜、椒、橘皮、盐，就甑中和之，仍复蒸之，令极烂熟。一升肉，可与三鸭子，别复蒸令软，以苞之。用散茅为束附之相连必致。令裹大如靴雍，小如人脚踜肠。大长二尺；小长尺半。大木迮之令平正，唯重为佳。冬则不入水。夏作小者不迮，用小板挟之。一处与板两重；都有四板。以绳通体缠之，两头与楔楔之：二板之间；楔宜长薄，令中交度，如楔车轴法，强打，不容则止。悬井中，去水一尺许。若急待，内水中，用时去上白皮，名曰‘水牒’”。此法别具匠心，工艺独特。

2. 煮

水熟法。煨、熬、炖、炰、腤、瀹、臛都属此法。用料不同，时间不同。多用生料。可谷物、可蔬菜、可肉类。如羊盘肠雌斛。《齐民要术·羹臛法第七十六》记载：“取羊血五升，去中脉麻迹，裂之。细切羊胳肪二升，切生姜一斤，橘皮三叶，椒末一合，豆酱清一升，豉汁五合，面一升五合，和米一升作糁，都合和。更以水三升浇之。解大肠，淘汰，复以白酒一过，洗肠中屈申。以和灌肠。屈，长五寸，煮之。视血不出，便熟。寸切，以苦酒酱食之也。”

白瀹豚。《齐民要术·菹绿第七十九》："用乳下肥豚，作鱼眼汤，下冷水和之，攣豚令净，罢。若有粗毛，镊子拔却，柔毛则剔之。茅蒿叶揩、洗，刀刮、削，令极净。净揩釜，勿令渝，釜渝则豚黑。绢袋盛豚，酢浆水煮之，系小石，勿使浮出。上有浮沫，数接去。两沸，急出之。及热，以冷水沃豚。又以茅蒿叶揩令极白净。以少许面，和水为面浆；复绢袋盛豚系石，于面浆中煮之。接去浮沫，一如上法。好熟，出著盆中。以冷水和煮豚面浆，使暖暖，于盆中浸之，然后擘食。皮如玉色，滑而且美。"

焦茄子。焦是少汁温火煮。"用子未成者，子成则不好也。以竹刀、骨刀四破之。用铁则渝黑也。汤去腥气。细切葱白，熬油令香，苏弥好。香酱清，擘葱白，与茄子俱下。焦令熟，下椒、姜末。"

芋子酸臛。《齐民要术·羹臛法第七十六》《食经》作芋子酸臛法：猪羊肉各一斤，水一斗，煮令熟。成治芋子一升，别蒸之。葱白一升，著肉中合煮，使熟。粳米三合，盐一合，豉汁一升，苦酒五合，口调其味，生姜十两，得臛一斗。"

馎饦。《齐民要术·大小麦》载："（青稞麦、大麦）堪作麨及馎饦，甚美"《饼法》篇中，详细记述了馎饦的制法，即先用冷肉汤汁调和细面粉，然后将揉好的面团"按如大指许，二寸一断，著水盆中浸。宜以手向盆旁，按使极薄。……急火逐沸煮，非直光白可爱，亦自滑美殊常"。

水引饼。因为需先将面的粗条放在水中浸一段时间，然后再揉拉（引长）成细面条，故名。《齐民要术·饼法》载："按如箸大，一尺一断，盘中盛水浸，宜以手临铛上，接令薄如韭叶，逐沸煮。"

莼羹。《晋书·张翰传》："翰因见秋风起，乃思吴中莼菜、莼羹、鲈鱼脍，曰：'人生贵得适志，何能羁宦数千里以要名爵乎！'遂命驾而归。"《齐民要术·羹臛法第七十六》载莼羹制法为："鱼长二寸。唯莼不切。鳢鱼，冷水入莼；白鱼，冷水入莼。沸入鱼与咸豉。又云鱼长三寸，广二寸半。又云莼细择，以汤沙之。中破鳢鱼，邪截令薄，准广二寸，横尽也。鱼半体。煮三沸，浑下莼。与豉汁渍盐。”

3. 濡

炊食共器之水熟法，用时较短，瀹亦可列入。

4. 烩

熟料烩制，胜属此法，汉代五侯鲭即是。《齐民要术·胜、腤、煎、消法第七十八》记载其制法为：“先下水，盐、浑豉、擘葱，次下猪、羊、牛三种肉，腤两沸，下鲊。打破鸡子四枚，泻中，如瀹鸡子法。鸡子浮，便熟，食之。”

5. 炙

非明火烤制，多用炭炙。可生炙，亦可用熟料。如肝炙，《齐民要术·炙法第八十》：“牛、羊、猪肝皆得。脔长寸半，广五分。亦以葱、盐、豉汁腩之。以羊络肚𦡺脂裹，横穿，炙之。”

酿炙白鱼。《齐民要术·炙法第八十》：“白鱼，长二尺，净治。勿破腹。洗之竟，破背，以盐之。取肥子鸭一头，洗，治，去骨，细剉。酢一升，瓜菹五合，鱼酱汁三合，姜橘各一合，葱二合，豉汁一合，和，炙之，令熟。合取，从背入著腹中，弗之。如常炙鱼法，微火炙半熟。复以少苦酒、杂鱼酱、豉汁，更刷鱼上，便成。”

6. 烤

明火烤熟，多用生料。如炙豚，其实是烤。《齐民要术·炙法第八十》“炙豚法：用乳下豚，极肥者，犗牸俱得。擘治一如煮法。揩洗、刮、削，令极净。小开腹，去五脏，又净洗。以茅茹腹令满。柞木穿，缓火遥炙，急转勿住。转常使周匝；不匝，则偏燋也。清酒数涂，以发色。色足便止。取新猪膏极白净者，涂拭勿住。若无新猪膏，净麻油亦得。色同琥珀，又类真金；入口则消，状若凌雪，含浆膏润，特异凡常也。”

棒炙（或作捧炙）。《齐民要术·炙法第八十》：“大牛用臀，小犊用脚肉亦得，逼火偏炙一面。色白便割，割遍又炙一面。含浆滑美。若四面俱熟然后割，则涩恶不中食也。"这是用大牛的背脊或小牛的腿脚肉近火烤的菜，先烤一面，烤熟即割食，然后再烤另一面，其肉嫩、汁多、滑润，风味甚美。如果将原料四面都烤熟了再割食，则肉质粗老，口感太差而不适宜食用了。

7. 煎

油熟法，少油燔煎而成。《齐民要术》中的鸭煎法是翻炒，不属此类。《齐民要术》书中有铜铛的记载出现，但未见此法之制品。

8. 炸

油熟法，以油没之而熟制为炸，可生料，亦可熟料。如细环饼、截饼，《齐民要术》载："细环饼、截饼：环饼一名'寒具'。截饼一名'蝎子'。皆须以蜜调水溲面。若无蜜，煮枣取汁；牛羊脂膏亦得；用牛羊乳亦好，令饼美脆。截饼纯用乳溲者，入口即碎，脆如凌雪。"

馉馅，《齐民要术·饼法第八十二》记载："馉馅：起面如上法。盘水中浸剂，于漆盘背上水作者，省脂。亦得十日软；然久停则坚。干剂于腕上手挽作，勿著勃。入脂乳（浮）出，即急翻，以杖周正之。但任其起，勿刺令穿；熟，乃出之，一面白，一面赤，轮缘亦赤，软而可爱。久停亦不坚。若待熟始翻，杖刺作孔者，泄其润气，坚硬不好。"

9. 烙

无油燔炙成熟，多用谷物原料。

10. 脍

细切鱼肉，拌料或蘸料食之。

11. 腌

浸泡法，蔬菜、虾蟹均可以盐腌制成熟，亦是加工半成品的手段。糟是以酒糟腌制，醉是以酒腌制。糟又是对菜肴成品质地的认识。酱也是腌制法，酱同时又是腌制、发酵的一些成品的名称。《齐民要术·作菹、藏生菜法第八十八》云："葵菘、芜菁、蜀芥咸菹法：收菜时，即择取好者，菅蒲束之。作盐水，令极咸，于盐水中洗菜，即内瓮中。若先用淡水洗者，菹烂。其洗菜盐水，澄取清者，泻着瓮中，令没菜把即止，不复调和。菹色仍青；以水洗去咸汁，煮为茹，与生菜不殊。”

鲤鱼鲊，《齐民要术·作鱼鲊第七十四》："凡作鲊，春秋为时，冬夏不佳。""取新鲤鱼。鱼，唯大为佳。瘦鱼弥胜；肥者虽美，而不耐久。肉长尺半已上，皮骨坚硬，不任为脍者，皆堪为鲊也。去鳞讫，则脔。脔形长二寸，广一寸，厚五分；皆使脔别有皮。脔大者，外以过熟，伤醋不成任食。中始可啖；近骨上，生腥不堪食。常三分收一耳，脔小则均熟。寸数者，大率言耳；亦不可要然。脊骨宜方斩。其肉厚处，薄收皮；肉薄处，小复厚取皮。脔别斩过，皆使有皮，不宜令有无皮脔也。手掷著盆水中，浸洗，去血。脔讫，漉出，更于清水中净洗，漉著盘中，以白盐散之。盛著笼中，平板石上，迮去水。世名'逐水盐'。水不尽，令鲊脔烂；经宿迮之，亦无嫌也。水尽，炙一片，尝咸淡。淡则更以盐和糁，咸则空下糁。下，不复以盐按之。炊秔米饭为糁；饭欲刚，不宜弱；弱则烂鲊。并茱萸、橘皮、好酒，于盆中合和之。搅令糁著鱼乃佳。茱萸全用；橘皮细切。并取香气，不求多也。无橘皮，草橘子亦得用。酒辟诸邪，令鲊美而速熟。率：一斗鲊，用酒半升。恶酒不用。布鱼于瓮子中。一行鱼，一行糁，以满为限。腹腴居上。肥则不能久，熟须先食故也。鱼上多与糁。以竹箬交横帖上。八重乃止。无箬，菰、芦叶并可用。春冬无叶时，可破苇代之。削竹，插瓮子口内，交横络之。无竹者，用荆也。著屋中。著日中火边者，患臭而不美，寒月，穰厚茹，勿令冻也。赤浆出，倾却；白浆出，味酸，便熟。食时，手擘；刀切则腥。"

藏蟹法，是用糖、盐、蓼汁（蟹脐中纳姜末）腌渍螃蟹以便久藏的方法。《齐民要术·作酱法第七十》："九月内，取母蟹。母蟹脐大、圆，竟腹下；公蟹狭而长。得则著水中，勿令伤损及死者；一宿则腹中净。久则吐黄，吐黄则不好。先煮薄饧（薄饧），著活蟹于冷饧瓮中，一宿。煮蓼汤和白盐，特须极咸。待冷，瓮盛半汁；取饧中蟹，内著盐蓼汁中，便死。蓼宜少著，蓼多则烂。泥封二十日，出之。举蟹脐，著姜末，还复脐如初。内著坩瓮中，百个各一器。以前盐蓼汁浇之，令没。密封，勿令漏气，便成矣。特忌风里，风则坏而不美也。"

12. 腊

盐腌风干，制作脯类半成品，多用动物性原料。《齐民要术·脯腊第七十五》载："正月、二月、九月、十月为佳。用牛、羊、獐、鹿、野猪、家猪肉。或作条，或作片。罢，凡破肉皆须顺理，不用斜断。各自别。槌牛、羊骨令碎，熟煮，取汁；掠去浮沫，停之使清。取香美豉，别以冷水，淘去尘秽。用骨汁煮豉。色足味调，漉去滓，待冷下盐。适口而已，勿使过咸。细切葱白，捣令熟。椒、姜、橘皮，皆末之。量多少，以浸脯，手揉令彻。片脯，三宿则出；条脯，须尝看味彻，乃出。皆细绳穿，于屋北檐下阴干。条脯：泡泡时，数以手搦令坚实。脯成，置虚静库中。著烟气则味苦。纸袋笼而悬之。置于瓮，则郁浥。若不笼，则青蝇尘污。腊月中作条者，名曰'瘃脯'，堪度夏。每取时，先取其肥者。肥者腻，不耐久。"

"鳢鱼（鲖鱼）脯"。《齐民要术·脯腊第七十五》载："十一月初至十二月末作之。不鳞不破，直以杖刺口令到尾。杖尖头作榜蒲之形。作咸汤，令极咸；多下椒、姜末。灌鱼口，以满为度。竹杖穿眼，十个一贯；口向上，于屋北檐下悬之。经冬令瘃。至二月、三月，鱼成。生剥取五脏，酸醋浸食之，隽美乃胜逐夷。其鱼，草裹泥封，煻灰中爆乌刀切之。去泥草，以皮布裹而槌之。白如珂雪，味又绝伦。过饭下酒，极是珍美也。"

13. 发酵

利用酵母改变原料的质地、形状、口味，面、米、菜、肉均可发酵。大部分情况是原料加工手段，不直接食用。如鱼酱，《齐民要术·作酱法第七十》："作鱼酱法：鲤鱼、鲭鱼第一好，鳢鱼亦中。鲚鱼、鲇鱼即全作，不用切。去鳞，净洗，拭令干。如脍法，披破缕切之。去骨。大率：成鱼一斗，用黄衣三升，一升全用，二升作末。白盐二升，黄盐则苦。干姜一升，末之。橘皮一合，缕切之。和令调均，内瓮子中，泥密封，日曝。勿令漏气。熟，以好酒解之。”

14. 熓

于铛中、釜中将原料翻炒成熟。《齐民要术》书中有熓鸡子，即炒鸡蛋的记载：“打破，著铜铛中，搅令黄白相杂。细擘葱白，下盐米、浑豉。麻油炒之。甚香美。”

鸭煎法。“用新成子鸭极肥者，其大如雉，去头，烂治，却腥翠五藏（同脏)，又净洗，细到如笼肉。细切葱白，下盐豉汁。炒令极熟，下椒姜末，食之。”

四、品种与筵席

了解晋与南北朝的品种和筵席，《齐民要术》一书功不可没，具有典型性。因为贾思勰在北魏的生活和从政的经历及北魏鲜卑汉化的背景，使《齐民要术》书中罗列的品种会反映出胡汉烹饪文化的交流与融和，是具备代表性的。其他还有《荆楚岁时记》《世说新语》等。而了解当年的技术水平，西晋人束皙的《饼赋》虽是文学作品，但也与现实相距不远，是可以信任的。

1. 品种

面食类：馄饨、馎饦、水引饼、牢丸、碁子面、烧饼、豚皮饼、饆饠、蒸饼、汤饼、粲（乱积)、膏环（寒具)、角黍（粽)、胡饭。

菜肴类：熓鸡子、鸭煎、勒鸭消、跳丸子、饼炙、桶炙、灌肠、胡炮肉、胡羹、羊盘肠雌斛、猴头羹、炙豚、棒炙、肝炙、酿炙白鱼、莼羹、猪蹄酸羹、胡麻羹、鸡羹、鸭羹、菰菌鱼羹、鸭臛、鳖臛、五味脯、鲫鱼脯、裹鲊、蒲鲊、鱼酱、八和齑、木耳菹、瓜菹、蒸熊、蒸猪头、蒸鸡、蒸藕、白瀹豚、蜜纯煎鱼、脍鲤、素食。

2. 束皙《饼赋》（节选）

三春之初，阴阳交际。寒气既消，温不至热。于时享宴，则曼头宜设。于是炎律方回，纯阳布畅。服絺饮冰，随阴而凉。此时为饼，莫若薄壮。商风既厉，大火西移。鸟兽毨毛，树木疏枝。肴馔尚温，则起溲可施。玄冬猛寒，清晨之会。涕冻鼻中，霜凝口外。充虚解战，汤饼为最。然皆用之有时，所适者便。苟错其次，则不能斯善。其可以通冬达夏，终岁常施。四时从用，无所不宜。唯牢丸乎？尔乃重罗之麵面，尘飞雪白。胶黏筋韧，缟溓柔泽。肉则羊膀豕肋，脂肤相半。脔䏑首，珠连砾散。姜株葱本，蓬切瓜判。辛桂剉末，椒兰是畔。和盐漉豉，搅合樛乱。于是火盛汤涌，猛气蒸作。攘衣振掌，握搦拊搏。面弥离于指端，手索回而交错。纷纷汲汲，星分霅落。笼无迸肉，饼无流面。姝婳咧敕，薄而不绽。膻味内和，臛色外见。柔如春绵，白如秋练。气勃郁以扬布，香飞散而远遍。行人垂涎于下风，童仆空嚼而斜盼。擎器者舔唇，立侍者乾咽。尔乃濯以玄醯，钞以象箸。伸要虎丈，叩膝遍据。槃案财投而辄尽，庖人参潭而促遽。手未及换，增礼复至。唇齿既调，口习咽利。三笼之后，转更有次。

上文中的"薄而不绽。膻味内和，臛色外见。柔如春绵，白如秋练。气勃郁以扬布，香飞散而远遍。行人垂涎于下风，童仆空嚼而斜盼。擎器者舔唇，立侍者乾咽"，如此之面柔如绵、白若秋水、皮薄馅现、香气四溢的笼饼技术水平，实乃跃然纸上，且至今仍是极高标准。

3. 筵席

目前尚无晋和南北朝期间御筵和官筵的详细记载。但是，曹植在其所作的《元会》《箜篌引》中所描绘的"初岁元祚，吉日惟良。乃为嘉会，宴此高堂。""衣裳鲜洁，黼黻玄黄""珍膳杂沓""欢笑尽娱，乐哉未央"及"置酒高殿上，亲交从我游。中厨办丰膳，烹羊宰肥牛。秦筝何慷慨，齐瑟和且柔。阳阿奏奇舞，京洛出名讴。乐饮过三爵，缓带倾庶羞。主称千金寿，宾奉万年酬"的场景，可以使我们窥见当时的豪华歌舞盛宴。至于社会饮食业，虽有胡姬当垆、起舞，但还无举办筵席、宴会的能力、资格及社会需求。

图 7-15　晋代歌舞壁画

图 7-16　北朝炙烤图

图 7-17　南朝郊宴图（宋徽宗《文会图》）

图 7-18　南朝胡坐图（北齐校书图　杨子华　北齐）

本章结语

　　西晋的短暂统一之后，是三百年的分裂、割据、南北对峙。五胡乱华、衣冠南渡，战乱兵燹，生灵涂炭，给国家、民族，给中原大地带来了难以言表的痛苦和伤害。在这样的背景下，艰难困苦的中华民族还是保证了经济的运作，发展了种植业、养殖业、手工业，维持了对外贸易，促进了商业繁荣。京城和区域的中心城市也在一次次的冲击后再生。

　　官僚统治阶层追求厨膳滋味，讲究珍馐佳肴，崇尚解忧杜康，必然会促使筵席、宴会的规范建立，会给中国烹饪的技术进步以动力。民族的烹饪文化交流，地域的烹饪文化融合，又使中国烹饪再次完成技术体系的拓展。三百多年间，就是在御膳官厨和社会饮食业的平台上，在无数厨者的努力下，创造了诸多优秀的品种、精巧的技法。《齐民要术》《食珍录》《饼赋》等著作的记载，让我们感受到了那个时期灶前案后的辛劳与奋进。